黑龙江省哲学社会科学规划项目（18YSH789）

基于生态优势的黑龙江省城市湿地公园旅游文化产业发展研究

Research on Tourism and Cultural Industry Development of Urban Wetland Park in Heilongjiang Province Based on Ecological Advantages

何　颖　著

哈尔滨工业大学出版社

图书在版编目（CIP）数据

基于生态优势的黑龙江省城市湿地公园旅游文化产业
发展研究/何颖著. —哈尔滨：哈尔滨工业大学出版社，
2023.3

ISBN 978－7－5767－0585－0

Ⅰ.①基… Ⅱ.①何… Ⅲ.①城市－沼泽化地－公园－
旅游文化－产业发展－研究－黑龙江省 Ⅳ.①P941.78
②F592.735

中国国家版本馆 CIP 数据核字（2023）第 046409 号

策划编辑　闻　竹
责任编辑　张羲琰
封面设计　郝　棣
出版发行　哈尔滨工业大学出版社
社　　址　哈尔滨市南岗区复华四道街 10 号　邮编 150006
传　　真　0451－86414749
网　　址　http://hitpress.hit.edu.cn
印　　刷　哈尔滨市颉升高印刷有限公司
开　　本　787mm×1092mm　1/16　印张 9.5　字数 140 千字
版　　次　2023 年 3 月第 1 版　2024 年 6 月第 2 次印刷
书　　号　ISBN 978－7－5767－0585－0
定　　价　66.00 元

前　　言

近年来,随着我国社会经济的飞速发展,人们对自然生态旅游景区的开发也越来越重视。为了行之有效地控制和管理生态景观环境,从而能够产生良好的经济效益、环境效益和生态效益,加快完善社会主义市场经济体制,本书基于生态发展视角研究了黑龙江省城市湿地公园旅游文化产业的发展。

本书研究湿地公园旅游文化产业及生态发展,以城市湿地公园为例,结合黑龙江省哈尔滨市、大庆市、齐齐哈尔市三地的城市湿地公园的建设案例,分析其生态优势,通过调研评析和问卷调查的研究成果,以翔实的资料阐述相关观点。研究综合了生态学、资源优势理论、旅游体验及生态旅游等理论研究成果;在综述生态景观和黑龙江省城市湿地公园现状的基础上,通过对黑龙江省城市湿地公园旅游发展整体状况的把握,分析了黑龙江省开发湿地旅游产品的条件;最终构建了旅游产品的开发体系,在总结黑龙江省城市湿地自然生态和文化发展情况的基础上,提出了研究的理论框架和研究方法。

黑龙江省自然湿地资源丰富,目前湿地旅游、湿地公园的开发和利用已经成为地方政府的重点建设内容。湿地公园也注重利用自然湿地生境及人工构建湿地生境,体现了人与自然和谐共处的理念。通过对黑龙江省湿地公园的典型湿地景观案例的研究,探讨科学、合理地将湿地资源运用到公园的建设当中,为黑龙江省未来湿地景观生态有序、可持续地发展提供科学依据。

湿地公园的植物配植与自然环境的保护性发展也是本书研究侧重的一个方向。植物作为湿地景观的重要组成部分,不仅具有多重的生态功能,还具有多重的景观价值,植物景观设计是湿地景观合理规划、充分发挥其生态功能的重要着手点。研究结合黑龙江省处于寒带地域的特点及其文化、气候、自然资源等要素,分析影响湿地植物景观设计构成的要素,探讨植物与各要素间搭配要点及自然保护区类湿地、城市休闲类湿地及生态农业模式湿地三种模式的植物景观设计。

本书根据黑龙江省城市湿地公园的案例研究,提出适宜黑龙江省湿地公园建设的对策。

首先,在有自然湿地环境的公园中,湿地植物群落的构建应尽可能保留原有湿地植被,并且考虑审美需求,配以人工设施,使游客可以近距离地接触湿地自然景观;对于没有自然湿地环境的公园,则为使用者提供合理化的休憩环境。

其次,选择人工配植的方式构建湿地景观,合理选择具有本地湿地植物特征的芦苇、香蒲、薹草物种,结合观赏性强的睡莲、水葱等,体现了自然与人工结合,形成人工湿地植物景观。

最后,建构黑龙江省湿地景观的发展模式,即提升生态湿地的价值,保护生态,利用生态发展旅游文化产业;提出黑龙江省发展湿地景观带动了旅游文化产业发展的社会效益,以及未来的区域影响力。

本书为黑龙江省哲学社会科学专题研究项目"基于生态优势的黑龙江省城市湿地公园旅游文化产业发展对策研究"的结题研究成果。本书分析的湿地公园案例均为建成项目,作者从客观专业的角度进行调研和评价,项目设计文本信息为公共网络采集成果,不妥及疏漏之处,敬请读者批评指正。

作 者
2022 年 10 月

目　　录

第一章 绪 论

第一节 提出的背景

随着时代的发展,环境、历史、文化赋能等方面也发生着显著变化。当下,人们充分意识到文化生产是需要密切关注的内容,同时应实现环境与精神文化的和谐传承和健康发展。在外部生存环境持续改善的今天,仍有诸多客观存在的现实问题。

第一,保护目的不明确。虽然人们在文化、环境方面的理解和认知较为深入,并且能意识到历史文化遗产的作用和意义,但是因为缺乏明确的保护目标,难以确保经济发展与开发建设的协调性,在具体执行时无法形成深入的探索和认知,在保护层面缺乏力度。若保护本身仅作为制度,缺乏有人气的互动,将导致保护功能停留在表面,缺乏实际的执行效果和作用。显然上述问题要求规划人员、设计人员等在原则层面保持一致性,在应对具体问题时,设计人员为了保持设计的初衷,往往在利益层面与委托方难以达成一致。

第二,保护的消极与片面。若无法有效提升个人主观能动性,持续被动的状态显然无法全面保障保护对象的权益,在法律层面将难以界定明确的保护范围。与此同时,难以基于文化价值实现量化的、差异化的保护。不管保护工作如何落地,如果缺乏标准化、科学化的支持,将对保护的科学性产生消极影响。换句话说,我们应实施有效的保护性分析。当前保护片面性体现在文物方面并不重视文化内涵的保障;重点关注传统建筑等遗产的保护,缺乏文化环境的保护措施。总之,缺乏环境整体保护的观念。

第三,建设性破坏的产生。在短时间内,建设性破坏成为社会公众所知悉的内容,"仿古一条街""大屋顶"等问题的出现,是保护的无效方式。从根本上说,缺乏对历史文化资源的充分认知,更多地将文化作为限制性条件,并未形成设计创新和创作力。

上述三个问题由于缺乏明确的目标,因此难以消除本质上的影响;由于消极的管理,所以无法形成建设性的工作,在管理设计层面相对烦琐,产生严重的破坏。显然过于关注保护功能,与公众需求和社会发展相违背,这就需要对问题进行思考从而发生转变。

首先,从景观层面分析历史文化遗产的继承管理问题。综合考虑世界历史文化遗产保护的路径,不难看出保护对象主要集中在文物古迹、文物建筑、发展历程、历史环境等维度。实现物质环境的细化,积极推动社会环境、历史文化、地方民俗文化的继承,立足于转变的基准点,有助于丰富历史文化遗产继承的实际影响和内涵。1992年,联合国教科文组织世界遗产委员会第16届会议正式将"文化景观"纳入《世界遗产名录》之中。根据《保护世界文化和自然遗产公约》,遗产主要包括五个不同的类型,即自然遗产、文化遗产、混合遗产、双重遗产和文化景观。本书即从文化景观层面分析历史文化遗产的发展,探析与生态环境相结合的旅游文化产业的发展前景。

其次,人类自我认知在不断提升的同时,对聚居环境的研究更为深入,认识到景区游憩重要性的问题。特别是在国内,随着人民生活水平的提高,个人积累了一定的经济基础,具备更多的空闲时间,而出游逐步成为人们提升生活品质的重要手段。全球各国旅游产业保持较好的发展趋势,同时城市公共空间管理逐步符合这一时期的规划和需求,社会公众开始关注文化生活的建设。促进人们历史文化兴趣的提升,本质而言属于需求的升级,在游憩文化遗产时产生更深入的认知,促使人们更好地认识历史文化价值,逐步打造成为规划设计的新方向。

最后,理论与方法的改变——保护与再现。保护与再现并非独立关系,而是相互影响的两个概念,积极保护与当前的可持续发展实际上是对片面保护理念的优化和改善,但是依然需要确立历史文化景观的基础概念。历史文化遗产属于不可再生的要素,如何确保资源的永续性成为社会公众关注的重点。但是历史文化景观本身并不是丢失生命的化石,在文化持续发展的同时需要不断更新和换血,促进血液循环和发展,这是历史文化景观再生能力的表现。

　　基于以上思考,结合作者多年在历史城市景观规划设计和旅游规划设计的实践工作,希望通过研究工作,逐步建立系统的研究方法,根据调研和审视评价数据的科学合理性,提出生态环境保护的科学合理化研究要素,促进城市生态旅游文化的可持续发展,从而有效地整合湿地公园的规划设计理论内容,总结和分析景观设计实践工作经验,深入探索和思考相关问题。旅游需要关注人与自然、人与社会、人与人互动,才能创新并丰富城市居民的文化生活。

第二节　理论与实践意义

　　为确立有效的环境控制和保护,实现经济效益、环境效益、生态效益,持续推动社会主义经济市场的健康发展,本书从生态发展视角研究黑龙江省城市湿地公园旅游文化产业的发展对策。

　　黑龙江省有着丰富的湿地资源,当前我国积极推动湿地公园、湿地旅游的发展,在湿地公园的设计和应用中,本书引进湿地生态环境、人工建设湿地环境等相关概念,总结和探索哈尔滨、大庆、齐齐哈尔等城市湿地公园的发展案例,将湿地资源循环概念应用在公园建设内部,积极探索符合黑龙江省湿地生态建设可持续发展的方案和路径。

一、理论意义

　　通过建立高效、科学的湿地公园建设管理模式,积极推动湿地公园的发展管理活动,保持较好的湿地生态系统,为城市生态安全发展奠定基础。在城市湿地公园创建时,应客观分析城市具体情况和湿地保护要点,积极探索符合可持续发展的有效路径。通过客观总结湿地公园发展的现状与规律,建立系统的湿地公园发展机能机制,以此形成较好的湿地生态系统管理体系和管理能力。管理模式的建立,能帮助政府管理部门实施有效的湿地资源保护功能,为持续发展和管理规划提供决策基础。

当前,旅游业正从根本上改变个体与自然的关系。鉴于旅游产业发展、人类生活环境更新、自然资源消耗等现象成为关注热点,同时旅游产业呈现明显的全球化分布状况,可能会与可持续旅游产业发展产生矛盾。旅游地应持续推动创新意识的提升,将环境知识体系纳入系统的管理内容,为旅游产业的发展持续输送动力,实现更高的旅游地竞争水平。

城市湿地公园发展是一个系统的、长期的、复杂的管理过程。通过推动湿地公园生态系统的建立,确保湿地生态系统结构的完善,保持较好的功能性;探索和分析城市湿地特征,建立城市湿地、城市可持续发展的影响机制,对城市湿地资源的保护、生物多样性的保持、生态安全管理、生态环境和谐发展等产生深远影响;归纳分析湿地的重建、规划、技术、路径、程序等内容,形成标准化、科学化的管理机制,从而为实践活动奠定基础。

作者通过查阅大量的文献检索,对黑龙江省城市湿地公园现状进行了全面综述,以期本书为黑龙江省城市湿地公园旅游文化产业发展的深入研究奠定了基础。其中,立足于历史学、生态学、经济学、地理学等多个维度,剖析黑龙江省城市湿地公园旅游产业的健康发展,积极推动旅游文化产业路径的建立,形成完整的生态旅游管理体系,显然这将具有深远影响和价值。

湿地景观是城市景观的核心内容,并且面临保护与利用相矛盾的问题。如何促使湿地公园发挥其生态优势,达到文化景观内在的天人合一、人地和谐的要求,本书提出的若干理论模型和实践对策将有一定的参考价值。

二、实践意义

在实地调查、网络调查、问卷调查和文献调查的基础上,本书综合分析黑龙江省城市湿地公园旅游文化产业发展的经验与问题,并据此提出文化景观利用途径和保护对策,以期为相关管理部门、社会企业和热心人士提供参考和借鉴。

理论研究建立在科学实验的基础之上,在遥感技术和地理信息系统的支持下,分析和模拟黑龙江省城市湿地公园的景观格局及其动态,有助于全面了解黑龙江省城市湿地生态景观发展过程及其驱动机制。综合应用有效的生态系统评估体系,分析黑龙江省城市湿地生态系统不同的价值表现,将其作为黑龙江湿地保护、生态环境发展的评估标准。持续推动湿地公园的发展,不仅能形成有效的湿地资源保护措施,同时对旅游产业的发展产生积极影响,满足新经济时代的发展需要,符合"绿水青山就是金山银山"的发展理念,形成可持续发展的产业路线。本书的研究和探索意义主要集中在两个方面:

一方面,立足于湿地公园的发展,建立持续提升游客忠诚度的有效路径。客观判断游客对湿地公园多属性的情感认知,将湿地公园产品融入游客评价体系内部;积极探索游客属性感知、整体满意度、忠诚度等要素,以此建立提升游客忠诚度的关键要素,确保湿地公园能探索创造更强游客黏性的发展路线,实现有效的资源配置,保持更好的管理水平和管理质量。

另一方面,促进湿地公园对游客的引导功能,积极探索环境保护意识、环境态度、环境行为等内容,总结游客环境行为的倾向性,分析主要的影响要素,针对湿地公园生态教育问题提出新的思路,为游客环境行为发展奠定理论基础和前提。其中,游客环境行为倾向性问题将对其他因素产生不同程度的影响,特别是属性感知、整体满意度、环境行为等相互影响关系,通过采取有效措施,为游客环境保护行为提供新的引导方向和路径。

黑龙江省湿地面积位列全国第四,而城市湿地公园是黑龙江省独特的旅游资源。本书将结合具体的理论知识和资料数据，探索全国同类城市在制定湿地旅游资源时的思路和方法，为其他景区和景点提供参考和借鉴作用。

第三节　相关研究情况

一、国外的研究热点

国外关于湿地的研究主要建立在旅游产业、湿地资源的相互影响关系维度，在外部社会、经济发展的同时，湿地旅游开发、环境保护存在明显的矛盾和冲突，协调处理旅游资源开发、环境保护问题显得尤为重要。整体而言，国外湿地旅游产业研究主要集中在湿地旅游与环境保护、湿地旅游资源与经济发展、湿地与旅游的相互影响关系等维度。

在国际层面，湿地研究主要集中在湿地分类、湿地的分布状况、湿地系统的特征表现、湿地资源的保护、湿地生态系统的管理等。整体来看，1982 年印度组织开展首届国际湿地会议，湿地科学开始成为世界各国研究人员所关注的问题，超过 140 个国家和地区陆续签署《湿地公约》①（即《关于特别是作为水禽栖息地的国际重要湿地公约》，又称《拉姆萨尔公约》），显然世界各国和地区政府、科学研究组织机构等开始关注湿地科学的问题。以美国、德国、英国等国家为代表，他们早已开始关于湿地科学的研究工作，相关领域的研究技术水平居世界前列，特别是在湿地保护、湿地管理方面，已具备较为成熟的体系，积累了诸多管理经验。简单来说，各国对湿地的研究内容集中在湿地科学的定义、类型、演变过程、结构变动、物种多样性、建设技术、生态保护、温室效应、全球环境变动、资源开发和应用、旅游资源教学、法律体系、资源的可持续应用、湿地价值与补偿、湿地健康、湿地评价活动等维度。

---

① 王绿洲，杨元昊，任惠丽，等.陕西红碱淖渔业湿地现状及保护措施[J].中国渔业经济,2006 (6):73-78.

湿地生态旅游的发展离不开旅游产业的整体发展,在进入公众视野的前期,湿地只是自然环境的一部分,但在科学的旅游开发之后,它成为终端旅游景点的关键资源。因此,湿地生态旅游思维模式是旅游文化产业开发的核心思想,应将其合理化融入旅游研究体系之中。1971年,《拉姆萨尔公约》标志湿地生态旅游研究的出现①。随着概念的建立,有学者针对性地提出生态旅游的概念,明确具体的时间、空间、旅游资源、野外旅游、绿色旅游、可持续发展旅游等内容②。但是相关研究成果并未将湿地当作特殊的旅游资源,也没有专项研究成果进行总结归纳。《湿地公约》立足于湿地保护、湿地管理的维度,这也是其重点提出的方向。从国外现状看,建立湿地公园更多的是基于环境保护的初衷,国外重视湿地的重新建设和恢复,同时兼顾教育、推广生态旅游等属性,生态旅游资源的开发和利用程度正保持上升趋势③。日本、马来西亚、英国等国家积极开展湿地公园相关建设的研究工作,当前已成功建立全球最先进、最知名的湿地公园基本形态。

上述国家在湿地公园保护、湿地资源开发利用、湿地公园发展经验等方面对我国湿地公园建设工作提供了借鉴和参考。我国可从商业模式、教育方向、生态结构等维度积极探索湿地公园的发展路径,参考和学习先进的管理经验,不断完善我国湿地公园的研究体系,促进相关领域的健康可持续发展。

二、国内的研究导向

与国外的研究成果相比,我国最早的湿地研究成果是1970年前后的《中国湿地保护行动计划》④。针对湿地旅游产业的研究在2002年正式开始。湿地产业旅游在多年的研究历程中,并未形成专属的湿地旅游产业资料。笔者利用CNKI中国博士学位论文全文数据库,检索1979年至2020年期间的湿地

---

① 钟林生,赵士洞,向宝惠.生态旅游规划原理与方法[M].北京:化学工业出版社,2003.
② CEBALLOS-LASCURIAIN H. The future of ecotourism[J]. Mexico journal,1987(1):13-14.
③ 仇保兴.城市湿地公园的社会、经济和生态意义[J].风景园林论坛,2006(5):5-8.
④ 国家林业局.中国湿地保护行动计划[M].北京:中国林业出版社,2000.

旅游相关博士论文,并未出现相关领域的博士研究论文;随后,利用 CNKI 中国博士学位论文全文数据库检索 1979 年至 2020 年期间的湿地旅游相关硕士研究论文,合计有 9 个关于湿地旅游的研究成果,主要研究维度为生态旅游。但是在实际研究工作中,主要研究重点集中在湿地旅游资源的开发、旅游开发模式管理、旅游资源开发对策和措施、旅游资源的认知、旅游资源的环境影响因素、湿地旅游的健康可持续发展等。

我国关于生态景观学的研究整体发展时间不长,研究结论不完整。1980年以来,我国的学术期刊中陆续出现关于生态景观的研究成果。1981 年,黄锡畴在《地理科学》发表《德意志联邦共和国生态环境现状及保护》的学术论文;同期还发表了刘安国的《捷克斯洛伐克的生态景观研究》,这些都是我国最早关于生态景观学的学术论文。1983 年,林超在《地理译报》发表译文,内容涉及景观生态学,分别是《景观生态学》《景观生态学发展阶段》。1985 年,陈昌笃在《植物生态学与地植物学丛刊》发表学术论文《评介 Z. 纳维等著的生态景观学》,为我国关于生态景观学理论的研究奠定基础。1986 年,景贵和在《地理学报》发表论文《土地生态评价与土地生态设计》,这是我国景观生态规划与设计的第一篇文献。1988 年,李哈滨在《生态学进展》发表学术论文《生态景观学——生态学领域里的新概念构架》,研究内容集中在北美学派景观生态学的概念研究、理论研究等,为后续生态景观学的普及化、应用性奠定基础。1988 年,金维根在《生态学杂志》发表学术论文《土地资源研究与景观生态学》;同年,肖笃宁在《生态学杂志》发表学术论文《生态景观学的发展与应用》。1990 年肖笃宁主持翻译了 Forman 和 Godron 的《生态景观学》一书。显然,上述所介绍的阶段属于我国生态景观学的萌芽阶段,所以在研究成果上更多地参考和借鉴了国外资料。

1992 年,我国正式签署《湿地公约》,同时将湿地保护作为《中国 21 世纪议程》的重点领域。2000 年,国务院 17 个部门联合颁布了《中国湿地保护行动计划》,将保护湿地资源、发挥湿地资源效益、提升湿地资源的可持续发展等作为我国推动湿地保护和利用的发展目标。从此,我国湿地保护研究开始形成标准化路径,并保持较好的发展速度,这也为我国湿地保护与持续利用工作提供了重要的文件指导。政府部门不断完善湿地管理工作,我国研究学者通过积极参与湿地资源研究工作,对我国湿地资源保护与管理研究成果产生了深远影响。整体而言,湿地研究成果较多,但是缺乏专著类的研究成果,这一阶段我国研究学者关于湿地的研究主要包括湿地类型、湿地演变过程、植物与水深的影响关系、退化湿地二次恢复、人工湿地建设、湿地应用与管理、湿地效益价值表现等维度。

第四节 研究方案设计

一、生态研究的技术路线

本书以生态学、资源优势理论、可持续发展、旅游体验及生态旅游理论为理论依据,在综述生态景观和黑龙江省城市湿地公园现状的基础上,通过对黑龙江省湿地旅游发展整体状况的把握,分析黑龙江省开发湿地旅游产品的条件,最终构建旅游产品的开发体系,在总结黑龙江省城市湿地自然生态和文化发展情况的基础上,提出了研究的理论框架和研究方法,核心内容主要有以下四个部分。

第一部分,以现场实地调研为主导,分析旅游文化产业开发的理论观念及发展过程中出现的实际困难,以及黑龙江省城市湿地生态景观的发展历程。针对研究对象——哈尔滨、大庆、齐齐哈尔这三座城市的湿地公园,分别讨论了文化脉络、生态环境变迁、社会经济变迁和景观格局动态。

第二部分,结合调研数据,分析黑龙江省湿地资源及旅游发展现状,总结生态景观在开发建设过程中出现的实际问题和相应矛盾。这部分研究建立在生态景观的分类评价基础之上,在确定分类原则后,对黑龙江省城市湿地公园的生态景观进行分类整理,探讨了生态景观和文化景观的总体特征及其理想景观模式,并具体分析了哈尔滨、大庆、齐齐哈尔的生态景观的格局特征,构建了城市湿地景观的敏感度评价体系。

第三部分,科学合理地分析黑龙江省湿地文化旅游产业开发的生态条件,以及生态环境和生态景观的合理保护与开发问题。通过问卷调查、文献调查和生态足迹模型,综合分析了湿地文化旅游产业开发对于生态景观保护利用的经验和问题;在此基础上,提出了生态景观和文化景观利用的途径,以及景观保护的对策。

第四部分,探求黑龙江省湿地旅游文化产业开发的新思路。结合"旅游景区生命周期"理论,建立生态旅游景区的发展演化阶段,针对地理环境和生态人文条件提出不同阶段发展态势,分析其文化产业发展的有效性,综合评定适宜黑龙江省城市湿地旅游发展的长远策略。

从自然生态环境的改善,到生态旅游的繁荣,再到人与自然、社会的和谐发展,这是基于生态旅游的湿地公园规划的技术路线,其中生态环境的改善是前提和基础,生态旅游是湿地公园发展的经济动力,人与自然、社会的和谐发展是湿地公园发展的终极目标,因此规划的相关理论对应为三个方面的内容:生态保护、游憩规划、社区发展。

本书是从湿地调研到数据分析,再从理论探讨到实证分析的技术路线,采用理论和实证相结合的方法展开研究,最后得出结论,提出有针对性的对策和建议。

(1)基于生态景观、旅游产业融合相关研究文献的梳理和研读以及第一次田野调查,提出要研究的问题,寻找研究的切入点和突破口,并确定研究视角、研究方法,形成研究思路和框架。

(2)剖析黑龙江省湿地公园旅游文化产业融合的基础、形态及机制,探索建立旅游产业融合的评价指标体系和系统动力学模型。

(3)结合第二次和第三次田野调查进行实证研究。从湿地公园所在地域层面,分别对哈尔滨、大庆和齐齐哈尔的旅游产业融合现状与程度进行整体评价,通过动态仿真模拟分析,宏观预测旅游产业融合的未来趋势和发展走向。

同时,从城市区域与公园景区层面,对三个田野调查点旅游产业融合的发展水平进行评价,并对融合的基础和条件、形态和路径、水平和效应等方面进行对比分析。

(4)梳理、总结黑龙江省城市湿地公园景区旅游产业融合存在的问题和制约因素,分析成因,提出优化路径的学术思考和对策建议。

本书的研究技术路线如图 1-1 所示。

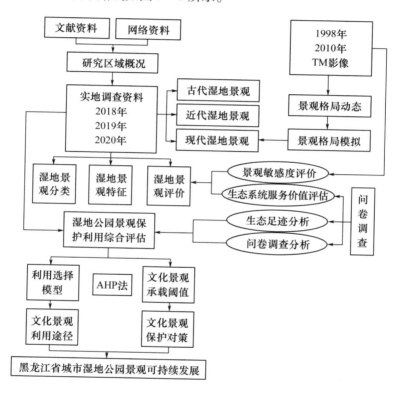

图 1-1 研究技术路线图

二、采集参考数据

基于黑龙江省城市湿地公园的实地调研得出研究数据,通过问卷采集了使用者、管理者以及环保拥护者等不同人群对于黑龙江省城市湿地公园建设的建议。对调研数据分类整理,为研究提供了真实的理论数据,问卷调查见附录一。

除此之外,对于城市湿地公园场地的地理信息调研使用了 ArcGIS 地理信息系统,分析了哈尔滨群力湿地公园的地理和生态环境信息。ArcGIS 是目前最流行的地理信息系统平台软件,主要用于创建和使用地图,编辑和管理地理数据,分析、共享和显示地理信息,并在一系列应用中使用地图和地理信息。研究对于目前湿地公园的设计方案,以及日常环境保护方面的优劣进行了综合评估。

在实地调查、网络调查、问卷调查和文献调查的基础上,综合分析黑龙江省城市湿地公园旅游文化产业发展的经验和问题,并据此提出文化景观利用途径和保护对策,为相关管理部门、社会相关企业和热心人士提供参考和借鉴。

(1)典型案例研究。本书从哈尔滨、大庆、齐齐哈尔湿地旅游资源的案例中,采取归纳、分类比较、分析典型的方法展开研究,从而对黑龙江省城市湿地公园有全面的认识。通过对城市湿地公园实例整理发现黑龙江省湿地景观目前存在的主要问题,系统地归纳并推荐了适合黑龙江省湿地景观设计的植物种类,进而提出了城市湿地公园生态环境保护的方法策略。

(2)逻辑数据推理。在收集和整理相关资料的基础上,采用文献阅读与数据资料统计、调查分析法、层次分析法等研究方法对黑龙江省湿地旅游资源进行了 SWOT 分析和定量分析。本书根据资源优势理论及旅游产品开发的可持续原则,对黑龙江省湿地旅游产品开发进行系统的研究。

问卷调查是获得全面、真实资料的重要方法,对深入理解黑龙江省城市湿地公园、辨清现存问题具有重要意义。本次调查旨在明确:本地人与外地人对于黑龙江省城市湿地保护与利用的认知差异;公众对黑龙江省城市湿地文化景观的认知度和感兴趣程度;公众对黑龙江省城市湿地文化景观的保护与利用方式的认知;公众对保护利用现状的满意度等。

问卷调查采取网络预调查和实地调查相结合的方法。网络预调查时将调查问卷表放置于黑龙江旅游网、黑龙江人气旅游网和户外旅行交流网的论坛内,由网友在线回答问题,并提出问题的改进办法,之后对以上问题进行修正,成为实地调查的正式问卷表(附录一)。实地调查为调查人员现场发放问卷,总计发放问卷 1 450 份;问卷发放地点在哈尔滨群力城市湿地公园、太阳岛国家湿地公园、大庆龙凤国家湿地公园、大兴安岭古里河国家湿地公园、齐齐哈尔明星岛国家湿地公园等地;问卷时间从 2020 年 7 月 30 日到 2020 年 8 月 13 日前后共计 14 天(表 1 – 1)。在内业过程中,运用 Excel 2003 和 SPSS 11.5 输入问卷调查表信息,并进行相关的统计分析。

表 1 – 1 问卷调查基本情况

序号	日期	时长/天	调查地	问卷发放份数
1	7.30 下午—8.1 上午	2	哈尔滨群力城市湿地公园	250
2	8.1 下午—8.4 上午	3	太阳岛国家湿地公园	300
3	8.4 下午—8.7 上午	3	大庆龙凤国家湿地公园	300
4	8.7 下午—8.10 上午	3	大兴安岭古里河国家湿地公园	300
5	8.10 下午—8.13 上午	3	齐齐哈尔明星岛国家湿地公园	300
合计		14		1 450

1992 年,加拿大经济学家里斯和他的学生瓦克纳格尔提出并进一步完善了生态足迹方法,为定量测度可持续发展提供了计算模型,成为当今研究的热点。据统计,国际生态经济学会会刊《生态经济学》(*Ecological Economics*)自 1996 年发表生态足迹概念引入国内以来,目前仅在 CNKI 全文期刊数据库收录的有关生态足迹的文章已达 172 篇。

生态足迹的研究方法已广泛应用于全球、国家、省(市)、县等区域层次上,在资本、环境、能源等领域也进行了较为深入的研究,对评估和推进当地及各行业的可持续性起到了积极的作用。近年来,有学者对黑龙江省城市湿地公园和湿地景区的生态足迹进行了研究,开辟了黑龙江省广大城市湿地公园景区生态足迹研究的先河。在此基础上,通过对黑龙江省城市湿地生态足迹的计算分析,将推动我国城市湿地生态足迹研究的进一步深入,同时也对黑龙江省城市湿地景区可持续发展提出定量化的测度,以便对出现的问题采取相应的对策措施。

三、生态景观的构架

景观结构①是景观的组分和要素在空间上的排列和组合形式。景观结构美是景物间巧妙组合产生的美。景观的各构景要素联系紧密,互补互衬,形成具有美感的景观结构。自然景观和人文景观都有时空结构美。基于生态优势的湿地景观,其自身景观结构是建立在生态整体环境基础之上的景观结构体系,当游客进入生态景区,其浏览观光路线就是景观廊道所赋予的人工环境。而景观廊道是指不同于两侧基质的狭长地带。廊道是线性的不同于两侧基质的狭长景观单元,具有通道和阻隔的双重作用。所有的景观都会被廊道分割,同时又被廊道联结在一起,其结构特征对一个景观的生态过程有强烈的影响。

研究基于现有的斯坦尼兹景观理论方法模型,以生态景观环境为切入点,有针对性地分析了城市湿地公园的景观结构体系,对黑龙江省哈尔滨、大庆、齐齐哈尔三个城市湿地公园的生态环境和生态保护做出不同层面的理论分析(图1-2)。

---

① 柳中明.旅游区规划与设计[M].北京:电子工业出版社,2010.

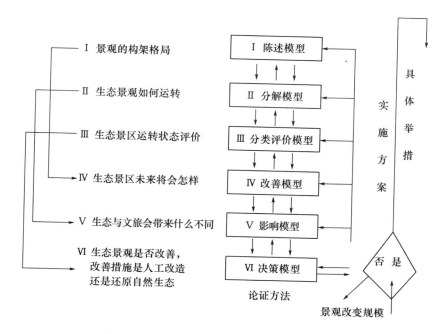

图 1－2　生态景观理论方法模型

第二章　城市湿地公园旅游文化发展的理论基础

第一节　城市湿地公园相关概念

一、城市湿地公园

《国家城市湿地公园管理办法（试行）》指出,湿地公园、湿地的概念为:湿地①是指天然或人工长期所制作的沼泽地、泥炭地等,在湿地上方分别设立淡水、半咸水、咸水区域地带,同时潮水位保持在6米以内,是滨岸海域的一种。

湿地公园属于传统湿地保护区与传统意义公园的融合,湿地公园具备特定规模的湿地资源,同时可有效应用内部的湿地资源,持续推动公园的内循环。湿地生态环境的健康发展和多样化发展,必须建立在湿地资源的前提下,便于开展湿地推广、功能使用、文化宣传等活动主题。在湿地公园内部一般会配置大量的休闲娱乐措施,进而为公众提供休闲、娱乐、观光等多功能的生态公园类型。湿地公园本身兼顾生态农业、湿地研究、环境保护、休闲娱乐等多维度的功能,这也是公益性的生态公园类型②。当前,湿地公园开始持续推动人文景观和旅游设备建设,有效应用区域开发资源,逐步发展成为当地的重点旅游区域,为当地居民提供休闲娱乐的好去处。

---

① 张人权,梁杏,靳孟贵,等.水文地质学基础[M].6版.北京:地质出版社,2011.
② 坎贝尔,奥格登.湿地与景观[M].吴晓芙,译.北京:中国林业出版社,2005.

湿地公园的特征表现有：

（1）具备特定规模的湿地系统资源条件，整体占地面积并不大。

（2）位置接近城市中心，在文化、美学、生态、生物等方面有着更高的价值。

（3）湿地公园在规划设计中，重点保护生态系统的全面性，建立生态服务和生态过程等。

（4）有效应用湿地资源，保持合理的开发节奏，分别从生态、科普、教育、娱乐、休闲等维度进行发展和计划。

湿地公园是国家湿地保护体系的重要组成部分，与湿地自然保护区、保护小区、湿地野生动物保护栖息地及湿地多用途管理区共同构成了湿地保护管理体系。

《城市湿地公园规划设计导则（试行）》明确湿地公园属于特殊的公园类型，更是城市绿地建设工作的规划内容，不仅具备旅游区景点属性，同时也彰显生态功能。湿地公园一般兼顾生态保护、科普教育、休闲娱乐等多层次的功能，城市湿地公园能为居民提供较好的生态服务。

"生态服务"是指生态系统、生态过程所建立的，保持人类自然生存环境的服务项目，主要内容包括经济社会系统的物质和能源表现、人类服务社会所需的服务类型等，如清洁的水资源、干净的空气、气候调整、废弃物的可再生应用、促进经济社会系统运作等①。

二、湿地生态系统

湿地生态系统在水资源、热力资源、土壤资源、营养物质等多方面条件支持下，发展成为富有生产动力的系统，为群落的发展和生存提供支持。一般而言，湿地在水文流动中所保持的开放性，需要重点考虑初级生产要素。此外，影响湿地生产力的因子还有气候、水化学性质、沉积物化学性质与厌氧状况、

---

① 李文明.生态旅游环境教育效果评价实证研究[J].旅游学刊,2012(12):80-87.

盐分、光照、温度、种内和种间作用、生物的再循环效率及植物本身的生产潜力等。美国湿地生态学研究人员 Maltby 的研究表明,湿地平均蛋白质产量比陆地系统要高 250%,比小麦产量要高 700%[1]。然而,并非所有植物都能通过湿地条件保持较好的生产力,例如部分利用降水方式输入营养物质的湿地类型,在产量方面相对落后。

湿地生态系统不管从类型上还是从物种上都表现出较强的多样性。湿地系统主要类型包括河口、沼泽、湖泊、河流等,随后以地理分布状况、地形结构、水分来源、植物种类、土壤结构为核心进行二次分类。例如,美国湿地系统可划分为主系统、亚系统、特殊体等,并根据地理分布及形成特点不同首先将湿地分为五大系统,然后再根据地形、植被、土壤等特点分为亚系统、类、亚类等具体的生态系统类型。

湿地景区多样性不仅表现在生态系统种类的多样性方面,同时在湿地生境类型、生物群落类型方面表现出较强的多样性。湿地生态系统最独特的地方就是在水文条件、气候条件、土壤条件上建立独立结构,保持植物种群的丰富度,满足特殊生境的发展需要。当前湿地植物群落主要包含灌木、乔木、莎草科、草本植物、苔藓和地衣等类型。动物群落涵盖鸟类、爬行类、鱼类等动物种类。湿地生境的重要性表现在濒危野生动物所保持的独立生境,所以可将湿地作为保存中心,发挥与热带雨林同等的作用效果,对生物多样性的保护产生积极影响。

第二节　自然与生态景观相关概念

一、自然与生态景观

自然景观是人为景观、天然景观的统称。其中天然景观是指人类以间接

---

① 刘燕华.脆弱生态环境与可持续发展[M].北京:商务印书馆,2001.

影响还原自然风貌,同时没有明显变动的景观类型,常见的天然景观包括沙漠、山丘、流水、草原等。人为景观是指由于长期的影响作用,使自然外观产生明显变动的景观类型,常见的人为景观包含城镇、乡村、工矿等场所。人为景观(文化景观)是人类作用下的产物,能结合自然规律实施有效的管理,以此满足预期需求。自然景观在分析时无须考虑经济、社会等特点。

景观生态学(Landscape Ecology)以大范围、大区域作为研究对象,通过组建差异化的生态系统,保持空间结构、功能属性、动态变动等多元化的组合,景观生态学能为生态学提供创新思维模式和研究手段①。

生态景观涵盖自然、经济、社会等多方面的内容,属于多层次、多维度的生态管理系统,常见的内容包括自然景观、经济景观、人文景观等内容。其中,自然景观包含地理区位、天气条件、生物多样性等;经济景观包含产业结构、土地应用、基础建设、能源格局等;人文景观包含人口、文化、习惯、历史、伦理等相关内容。生态景观的建立,需要综合考虑化学、生物、区域、社会、经济、文化相关内容,积极应用"时、空、量、构、序"的资源,通过多因素的相互作用,组建复合生态管理网络。生态景观包含有形地理景观、生物景观、内部与外部、过去与将来等生物影响关系。生态景观更关注的是外部环境与系统内部的协调性,保持结构与功能的融合,保持过去与未来的关联,实现多方的融合发展。

(1)从景观的直观景象来认识,景观建筑学是景观最基础的概念和表现,有着明显的美学内涵和元素,但是根据现代景观建筑学的需求,景观理解并未集中在上述方面,景观建筑学依然是最关键、最核心的目标内容。

(2)从个体的属性结构上理解景观,主要属性元素包括地质学、土壤学、地貌学、植被学等,景观原理应建立在地表基础层面,以此建立明确的研究对象体系,涵盖土壤个体、植物、地形等内容,分别从地质景观、土壤景观、地形景观等维度进行剖析。

(3)基于景观建立完整的系统,这显然也是最具综合性的管理概念。这种

---

① 肖笃宁.景观生态学[M].北京:科学出版社,2010.

观点认为,景观是生物、自然、智能等要素相互影响所产生的结果,本身具备复合意义和价值。景观生态系统的建立与传统生态系统的建立有所差距,其评估边界不尽相同。

正常而言,生态系统的建立离不开生物、环境、生物种群的长期作用效果,更关注环境、消费者、生产者三方的关系。生态景观系统能保持地表各自然要素的协调性和作用力,进而建立完整的个体。生态系统所研究的内容是社会经济、自然要素的相互制约关系,重点研究大气、植物、水体、岩石、动物等不同物质的交换作用,以及景观的优化利用和保护。鉴于边界的差异,在研究内容、研究范畴等方面不尽相同,更多的是以生物体为核心,判断生物与环境的相互影响因素,以此建立不同自然要素、人类利用等相互影响作用。景观生态系统应持续推动自然环境观念的建立,强化人际关系的定位,持续推动景观的发展,客观判断不同的要素,保持各要素的相互约束、相互联系等,克服分析上的片面性和孤立性。与此同时,将生态学特点、方法等内容作为研究的客体,对景观动态变化和物质循环问题进行总结,客观判断生态系统的改变过程。

景观生态学的建立应匹配景观生态系统发展规律和演变特征,同时积极探索合理的、科学的、有效的管理路径。现阶段,应确保可循环的、可再生的、整体化的、区域差异化的管理原则,确保自然资源开发的协调性,为环境保护工作奠定基础;积极思考解决发展和保护、经济和生态的矛盾和问题,形成推动生态经济持续发展的新方向。

二、城市生态景观

城市本身属于复杂程度较高的管理体系,需要综合评估社会、经济、自然等多方面的因素,通过保持不同因素的协调性,创造符合当地特点的居住环境。城市本身保持舒适度,最关键的就是从生态景观层面遵守以下原则。

(1)和谐性。即结构和功能、内外环境、客体与主体的协调、物理与生态关系的和谐等。通过分析人与自然统筹的组成部分,分别从人类和社会、社会不同主体、人类与自然等维度进行分析,将自然融入城市建设活动。更重要的是体现在人与社会的关系上,和谐性是生态城市的核心内容。

(2)整体性。生态城市建设需要兼顾实践、空间、资源、社会、经济等不同的要素,确保整体效益的提升。在生态系统、地理位置、水文条件、文化空间、时间层次等方面保持协调性,促进公平发展,保持自然环境、人类社会的协调性,以此探索创新的发展理念和路径。

(3)多样性。生物圈最核心的功能集中表现在生态系统、物种、产业、文化等要素,显然生态城市有利于工业城市的分割,推动专业度、单一性的改变,建立多元化的重组机制。多样性主要是指景观、功能、空间、文化、建筑、交通、选择等方面的内容。生态城市建设并非固定的、单一的主体,需要更多地融入自然、经济、文化、历史等元素,建立富有个性的城市环境。

(4)畅达性。城市本身属于复杂的整体,系统内部和外部必然会面临信息、物质、能量的流动管理问题,在创建和谐生态城市的同时,应确保内部系统、外部系统资源交换的有效性和无障碍。

(5)安全性。立足于气候、地形、资源、环境健康、心理、生理等层面产生明显的安全作用,积极塑造符合人类、动物、自然生长的环境。

(6)可持续性。城市生态系统具备较强的组织能力、协调能力,保持较好的生态管理效率,实现有效的社会功能,建立协调的、健康的城市发展氛围。

第三节　景观生态学理论

景观生态学是一门应用性很强的生态学分支学科。景观生态学的重点研究维度是多个空间与生态管理的影响过程,主要集中在生态过程、异质性的相互影响机制。景观生态学最核心的内容是景观结构和功能、等级结构与尺度作用、空间与景观影响过程、景观自然与文化、景观变动与稳定等部分。在长达20年的发展历程中,景观生态学体系基本定型,在基础理论研究方面依然存在需要深入探索的方面,当前产生了一些新的学科领域与生长点,并且在实际应用中体现出越来越大的效应,景观规划设计、景观管理、景观保护等成为新的探索方向。

景观不仅具备综合体的属性,同时还被赋予多项文化色彩和内容,所以在文化含义方面差异明显。当前人们关于景观影响程度的重视不断增加,对景观进行更为明确的分类,如自然景观、管理景观、人工景观等。

1939年,景观生态学由德国地理学家 C. 特洛尔提出,他将景观作为整体进行研究,分别从物质、能量、信息、价值等维度实现有效的信息传输和交换,确保生物与非生物的转换与发展,基于生态系统基本原理,客观分析结构与功能、动态变化与相互作用机理、美观格局、优化结构等内容,整体研究的维度具备全面性。景观生态学作为创新学科,重点的研究维度是地理学与生态学。

现阶段,景观生态学的研究重点是在较大的空间和时间尺度上,推动空间格局和生态管理的发展过程。1984年,Risser 等提出景观生态学的核心要素包括景观空间的异质性发展,景观空间的相互变化和影响机制,空间异质性与非生物发展的影响机制,空间异质性的管理。景观生态学理论更关注异质景观格局、演变过程的影响关系,并且研究时间、空间差异化的影响机制。从理论研究的角度分析生态演变过程是否会对景观动态产生影响,具体的临界值如何界定;多个景观指数、时空尺度影响下生态扩散的影响机制;景观格局和生态过程的可预测性以及等级结构和跨尺度外推。尽管这些理论并不成熟,但是它们持续推动生态学的发展。结合 Kuhn(1970)的科学哲学思想,科学发展正逐步替代传统的管理标准和模式,以此建立创新理论体系、理论框架、思维方法等内容。景观理论对生态系统发展产生积极影响,最关键的就是协调处理等级结构、空间异质性、时间和空间尺度效应、干扰作用、人类对景观的影响以及景观管理。景观生态学的生命力主要表现在城市、农业等景观要素中,Naveh 和 Lieberman(1984)指出:景观生态学是生物生态学和人类生态学的桥梁①。除此之外,跨尺度建立景观生态学,将成为环球生态学发展的重要一环。

为了更好地了解当前的黑龙江省湿地生态景观,需要运用景观生态学的相关原理,对文化景观及其过程、功能、格局等因素的保护和利用细节进行分析。

第四节　生态文化理论

文化生态学以生态学观点为基础,客观总结和分析了人与自然的影响关系,探索自然环境对文化发展的影响机制,同时研究文化在自然环境改变中的意义。

"生态文化"源自西方的"环境教育"概念。面对越来越严重的世界环境问题,生态文化不只关注于传统的人类生存方式,还将其置于人与自然的相互关系的范畴来考虑,包括制度、物质、精神三个方向。生态文化属于传统社会文化现象的一种,主要文化要素包含科学、伦理、哲学、传媒、艺术、美学等。在推动生态文化建设时,最关键的就是确保法律法规和管理体系的完善,积极推进生态教育活动的开展,以生态作为重点内容推动培育和引导相关工作,向社会公众输送社会价值、节约意识、环境意识的理念。

生态文化理论的产生源于社会实践的探索和思维方式的转变,生态文化理论为生态建设提供了一种全新的参考视角。黑龙江省城市湿地文化景观的形成与发展,既有自然造化的贡献,也有人类实践的烙印。从生态文化理论的视角去理解黑龙江省城市湿地文化景观,积极探索符合湿地旅游产业健康持续发展的新方向,是本书研究的实践价值与意义所在。

---

① 康伟锋.基于遥感数据厦门市绿地景观空间结构分析[D].福州:福建农林大学,2005.

第三章　城市湿地公园旅游文化产业的生态延伸发展

第一节　城市生态系统与文化旅游产业

一、城市生态系统

城市生态系统是城市人类与周围生物和非生物环境相互作用而形成的一类具有一定功能的网络结构，也是人类在改造和适应自然环境的基础上建立起来的特殊的人工生态系统。与自然生态系统相比，城市生态系统具有以下特点。

（1）城市生态系统是以人类为核心的生态系统。城市中的一切设施都是人制造的，城市生态系统是以人为主体的人工生态系统；人类活动对城市生态系统的发展起着重要的支配作用。与自然生态系统相比，城市生态系统的"生产者"——绿色植物的量很少；"消费者"——主要是人类，而不是野生动物；"分解者"——微生物的活动受到抑制，分解功能不完全。

（2）城市生态系统具有物质和能量的流通量大、运转速度快、高度开放的特征。城市中人口密集，城市居民所需要的绝大部分食物要从其他生态系统人为地输入；城市中的工业、建筑业、交通等都需要大量的物质和能量，这些也必须从外界输入，并且迅速地转化成各种产品。城市居民生产和生活产生大量的废弃物，其中有害气体会飘散到城市以外的空间，污水和固体废弃物绝大部分不能靠城市中自然系统的净化能力自然净化和分解,如果不及时进行人工处理,就会造成环境污染。由此可见,城市生态系统无论在能量上还是在物质上,都是一个高度开放的生态系统。这种高度的开放性又导致它对其他生态系统具有高度的依赖性,由于产生的大量废物只能输出,所以会对其他生态系统产生强烈的干扰。

(3)城市生态系统中自然系统的自动调节能力弱,容易出现环境污染等问题。城市生态系统的营养结构简单,对环境污染的自动净化能力远远不如自然生态系统。城市的环境污染包括大气污染、水污染、固体废弃物污染和噪声污染等。以大气中二氧化硫污染为例,其主要有三个来源——化石燃料的燃烧、火山爆发和微生物的分解作用。在自然状态下,大气中的二氧化硫一部分被绿色植物吸收;一部分则与大气中的水结合,形成硫酸,随降水落入土壤或水体中,被土壤或水中的硫细菌等微生物利用,或者以硫酸盐的形式被植物的根系吸收,转变成蛋白质等有机物,进而被各级消费者所利用。动植物的遗体被微生物分解后,又能将硫元素释放到土壤或大气中,这样就形成一个完整的循环回路。但随着工业和城市化的发展,煤、石油等化石燃料的大量燃烧,在短时间内将大量二氧化硫排放到大气中,远远超出了生态系统的净化能力,造成严重的大气污染。这不仅给城市中的居民和动植物造成严重危害,还会形成酸雨,使其他生态系统中的生物受到伤害甚至死亡。

(4)城市生态系统的食物链简单化,营养关系出现倒置,这些决定了生态系统是一个不稳定的系统①。

二、文化旅游产业

文化旅游产业是旅游产业的重要组成部分。有些人对文化旅游产业的认识存在泛化现象,把旅游业主体作为文化产业的组成部分,包括旅游交通企

---

① 卢珂,刘丹,李国敏. 城市生态可持续发展中的政府治理能力提升研究[J]. 生态经济,2016(10):210-214.

业、旅游住宿企业、纯自然的观光型景区等。这是把旅游文化与文化旅游混为一谈。真正的文化旅游产业主要是由人文旅游资源开发出来的旅游产业，是为满足人们的文化旅游消费需求而产生的一部分旅游产业。它的目的就是提高人们的旅游活动质量。文化旅游的核心是创意，特别强调"创造一种文化符号，然后销售这种文化和文化符号"，并强调文化旅游的"文化"是一种生活形态，"产业"是一种生产营销模式，二者的连接点就是"创意"。因此，文化旅游可以理解为"蕴含人为因素创造的生活文化的创意产业"。

一方面，文化旅游是以旅游文化的地域差异性为诱因，以文化的碰撞与互动为过程，以文化的相互融洽为结果，具有民族性、艺术性、多样性、互动性等特征。文化旅游的过程就是旅游者对旅游资源文化内涵进行体验的过程，这也是文化旅游产业的主要功能之一，它给人一种超然的文化感受，这种文化感受以饱含文化内涵的旅游景点为载体，体现了审美情趣激发功能、教育启示功能和民族情感寄托功能。

另一方面，文化旅游泛指以鉴赏异国异地传统文化、追寻文化名人遗迹或参加当地举办的各种文化活动为目的的旅游。寻求文化享受成为当前旅游业出现的新时尚。文化旅游产业是一种特殊的综合性产业，因其关联性高、涉及面广、辐射性强、带动性强而成为 21 世纪经济社会发展中最具有活力的新兴产业。文化旅游包括历史遗迹、建筑、民族艺术等内容。其涵盖性强，几乎可以囊括所有相关的产业。文化旅游产业的出现与游客需求的转变密切相关，其较为流行的定义是"那些以人文资源为主要内容的旅游活动，包括历史遗迹、建筑、民族艺术和民俗等方面"。还有的说法认为文化旅游属于专项旅游的一种，是集政治、经济、教育、科技等于一体的大旅游活动。

综上所述，文化旅游产业就是以旅游经营者创造的观赏对象和休闲娱乐方式为消费内容，使旅游者获得富有文化内涵和深度参与旅游体验的旅游活动的集合。文化是旅游的核心，旅游是文化发展的重要途径。"十二五"时期，文化产业作为"国民经济支柱性产业"，与同样作为"战略性支柱产业"的旅游业有了越来越多的融合发展；其中，文化旅游产业是挖掘地方文化、完善旅游产业、促进经济结构调整、撬动地方经济腾飞的重要发展方向。

旅游发展规划是根据旅游业的历史、现状和市场要素的变化所制定的目标体系,以及为实现目标体系在特定的发展条件下对旅游发展的要素所做的安排。文化旅游产业是一个跨行业的朝阳产业,在经济社会发展中有着至关重要的作用,不仅对经济结构调整、区域经济协调发展、扩大对外开放具有重要作用,而且是满足人民群众日益增长的文化需要、提高人民生活水平、构建和谐社会、实现全面协调可持续发展的重要途径。随着经济社会的不断发展和人民生活水平的不断提高,旅游成为一种时尚。近年来,文化旅游产业微信公众平台整合丰富的文化旅游资源也已经成为发展的现实优势。

第二节　城市湿地可持续发展下的生态旅游

一、城市湿地与可持续发展

城市湿地是一个完整的系统,涉及区域内的政治、经济、社会、文化等诸多子系统,在协调内部系统相互关系的同时,也必须考虑其长远的发展。因而,对于城市湿地而言,可持续发展的思想观念必须融入生态旅游之中。

可持续发展在横向上是一个涉及经济、社会、文化及自然环境的综合概念,包括自然资源与生态环境的可持续发展、经济的可持续发展以及社会的可持续发展三方面;在纵向上是"既满足当代人需要又不危害后代人满足自身需要能力的发展"[①]。

可持续发展的思想对旅游业产生了重要影响。1990 年,在加拿大温哥华召开的全球可持续国际大会提出了《旅游可持续发展行动战略》草案,对可持续旅游的目标做了阐述,构筑了可持续旅游的基本理论框架,它标志着可持续

---

① 洪功翔. 政治经济学［M］.4 版. 合肥:中国科学技术大学出版社,2019.

发展思想开始正式向旅游业渗透。1993 年,学术刊物《可持续旅游》(*Journal of Sustainable Tourism*)在英国问世,这是可持续旅游的一个新起点。1995 年 4 月,可持续旅游发展会议在西班牙召开,会议通过了《可持续旅游发展宪章》和《可持续旅游发展行动计划》,为可持续旅游提供了一整套行为规范,并制定了推广可持续旅游的具体操作程序,对可持续旅游的发展起到了积极推动的作用①。

对于可持续旅游发展的概念,《可持续旅游发展行动计划》指出:旅游可持续发展是在保持和增强未来发展机会的同时满足目前游客和旅游地居民的需要。世界旅游组织顾问爱德华·英斯基普认为,可持续旅游就是要保护旅游业赖以发展的自然资源、文化资源、其他资源,使其为当今社会谋利的同时也能为将来所用。1993 年,世界旅游组织出版的《旅游业可持续发展——地方旅游规划指南》中对旅游可持续发展做出界定:在维持文化完整、保持生态环境的同时,满足人们对经济、社会和审美的要求。它能为今天的主人和客人们提供生计,又能保护和增进后代人的利益并为其提供同样的机会。

综上所述,可持续发展旅游实质上是一种充分考虑代际公平关系的旅游方式,是建立在生态环境承受能力之上,努力谋求旅游业与自然及人类生存环境协调发展的一种旅游经济发展模式。

二、生态旅游

生态旅游是可持续旅游发展的一种最佳形式,与一般意义上的可持续发展理论具有本质上的一致性,主要包括三大基本内涵。

(1)满足需要。生态旅游能够既满足旅游者回归自然的需求,又能带动所处地区周边社区的经济发展,提高周边居民自然的生活环境。

(2)资源限制。生态旅游强调把旅游带给资源和环境的负面影响控制在

① 张建萍.生态旅游理论与实践[M].北京:中国旅游出版社,2001.

一定的阈值范围内,以确保旅游环境资源的永续利用。

（3）平等。包括同代人之间和不同代人之间公平地分配有限的旅游资源,当代人不能为满足自己的旅游需求而损害未来游客公平利用旅游资源的权利①。

生态旅游与可持续发展的关系是辩证统一的。首先,可持续发展理论是生态旅游的理论基石,即生态旅游的这一理念是以可持续发展理论为基础的,是可持续发展观在旅游业中的具体表现。其次,生态旅游发展的目标是可持续发展。生态旅游在可持续发展理论的指导下,把长远的可持续旅游作为自己的发展目标,并以环境保护为宗旨。最后,生态旅游活动的参与者应以可持续发展为基本准则。旅游者、经营者、管理者三方是生态旅游活动的主要参与者,其分别构成活动主体、服务体系和调控体系。生态旅游是一种负责任的旅游,要求旅游活动的参与者在旅游活动过程中保持高尚的环境伦理道德情操,树立科学的生态旅游观念,以可持续发展观为基本的行为和工作准则。旅游者应增强保护意识,在旅游活动中,尽一切可能将对生态旅游环境的不利影响降至最低。旅游开发者在开发生态旅游目的地、挖掘当地特色旅游资源时,应特别注意特色的保护和环境的保护,杜绝过度盈利开发造成的破坏②。

生态旅游以可持续发展为理念,以保护生态环境为前提,以统筹人与自然和谐为准则,并依托良好的自然生态环境和独特的人文生态系统,采取生态友好方式,开展生态体验、生态教育、生态认知并使旅游者获得心身愉悦。

生态旅游示范区是以独特的自然生态、自然景观和与之共生的人文生态为依托,以促进旅游者对自然、生态的理解与学习为重要内容,提高对生态环境与社区发展的责任感,形成可持续发展的旅游区域。

生态旅游区根据资源类型,并结合旅游活动,可分为七种类型。

（1）山地型。以山地环境为主而建设的生态旅游区,适于开展科考、登山、探险、攀岩、观光、漂流、滑雪等活动。

---

① 程占红.生态旅游的理论基石[J].忻州师范学院学报,2005(2):61-63.
② 杨阿莉.可持续发展理论与生态旅游[J].河西学院学报,2004(5):81-83.

（2）森林型。以森林植被及其生境为主而建设的生态旅游区，也包括大面积竹林（竹海）等区域。这类区域适于开展科考、野营、度假、温泉、疗养、科普、徒步等活动。

（3）草原型。以草原植被及其生境为主而建设的生态旅游区，也包括草甸类型。这类区域适于开展体育娱乐、民族风情活动等。

（4）湿地型。以水生和陆栖生物及其生境共同形成的，以湿地为主而建设的生态旅游区，主要指内陆湿地和水域生态系统，也包括江河出海口。这类区域适于开展科考、观鸟、垂钓、水面活动等。

（5）海洋型。以海洋、海岸生物及其生境为主而建设的生态旅游区，包括海滨、海岛。这类区域适于开展海洋度假、海上运动、潜水观光活动等。

（6）沙漠戈壁型。以沙漠、戈壁或其生物及其生境为主而建设的生态旅游区。这类区域适于开展观光、探险和科考等活动。

（7）人文生态型。以突出的历史文化等特色形成的人文生态及其生境为主而建设的生态旅游区。这类区域主要适于历史、文化、社会学、人类学等学科的综合研究，以及适当的特种旅游项目及活动。

国家生态旅游示范区是生态旅游区中管理规范、具有示范效应的典型。凡经过相关标准确定的评定程序后，可以获得国家生态旅游示范区的称号。该区域具有明确的地域界限，同时也是全国生态示范区的类型或组成部分之一。

第三节　湿地生态景观格局的多样构架

景观格局一般指景观的空间格局，是大小、形状、属性不一的景观空间单元（斑块）在空间上的分布与组合规律。生态景观格局关注自然、生物和人为三个要素之间的关系，多样架构便于探索其演变的机制和规律。生态系统多样性是指不同生态系统的变化和频率，即指生物圈内生境、生物群落和生态过程的多样化以及生态系统内生境差异、生态变化的多样性。生态系统多样性架构指一个地区的生态系统层次上的多样,或一个生物圈中的各种生态系统结构的多样。多样架构是研究湿地景观生态格局的主要方法之一,将多样架构与生态系统的层次衔接,可以将景观格局的规律通过生态系统的理论逻辑进行调解和阐述,进而分析生态景观格局的变化方向。

湿地生态系统属于水域生态系统。其生物群落由水生和陆生种类组成,物质循环、能量流动和物种迁移与演变活跃,具有较高的生态多样性、物种多样性和生物生产力。

一、系统的生物多样性

由于湿地是陆地与水体的过渡地带,因此它同时兼具丰富的陆生和水生动植物资源,形成了其他任何单一生态系统都无法比拟的天然基因库和独特的生物环境,特殊的土壤和气候提供了复杂且完备的动植物群落,它对于保护物种、维持生物多样性具有难以替代的生态价值。

二、系统的生态脆弱性

湿地水文、土壤、气候相互作用,形成了湿地生态系统环境主要因素。每一因素的改变,都或多或少地导致生态系统的变化。特别是水文,当它受到自然或人为活动干扰时,生态系统稳定性受到一定程度破坏,进而影响生物群落结构,改变湿地生态系统。

三、生产力高效性

湿地生态系统同其他任何生态系统相比,初级生产力较高。据调查,湿地生态系统每年生产的蛋白质是陆地生态系统的数倍。

四、效益的综合性

湿地具有综合效益,它既具有调蓄水源、调节气候、净化水质、保存物种、提供野生动物栖息地等基本的生态效益,也具有为工业、农业、能源、医疗业等提供大量生产原料的经济效益,同时还有作为物种研究和教育基地、提供旅游等的社会效益。

五、生态系统的易变性

易变性是湿地生态系统脆弱性表现的特殊形态之一,当水量减少以至干涸时,湿地生态系统演替为陆地生态系统;当水量增加时,该系统又演化为湿地生态系统。可以说,水文决定了系统的状态。

第四节　生态景观与旅游文化关联发展

城市的旅游系统是一个结构层次复杂、功能多样、巨大而开放的生态—经济—社会复合系统。与其他系统相比,城市旅游系统是以人为主体、以旅游为主要职能的高度开放的系统。在城市系统中,城市生态环境这一物质范畴与旅游体验这一人类的需求领域发生相互作用,以自然生态环境为主的城市旅游环境决定了旅游者感知的物质内容,从而影响了旅游者体验的满意程度,并且最终决定了一个城市是否能够跻身于世界优秀旅游城市的行列。

城市旅游发展状况既作用于资源环境,又维系着城市的整体发展水平,因此城市旅游系统的运行态势直接影响到整个城市系统能否取得一种动态的人与自然协调共生,城市旅游业开发的成功与否直接作用于生态城市的建设过程,并最终影响到城市经济发展、环境保护和社会文化等各方面的协调。生态是城市的保护核心和发展基础,旅游是城市高级功能的实现;而旅游的高度流动性以及高品质的精神需求对城市生态环境、景观格局、空间规划、公共设施等方面提出了较高的要求。生态城市强调人与城市、自然与社会、现在与未来的共生,追求的是社会、经济、自然系统的协调发展以及人类的宜居环境,生态城市为城市旅游开发提供了满意的空间。

城市生态旅游是城市旅游与城市生态建设联动效应的最佳表现。城市生态旅游基于城市旅游系统,吸纳生态旅游的先进理念,并结合城市旅游的实际发展,客观上推动了城市的生态化建设和生态经济产业的发展进程。从操作上来看,城市生态旅游开发是从对城市旅游资源施以保护性开发的角度,促进城市旅游系统的永续发展,同时为生态城市的建设提供支持,以取得旅游持续发展为直接目标,并协同其他产业,取得城市的永续发展。广阔众多的湿地具有多种生态功能,孕育着丰富的自然资源,被人们称为"地球之肾"、物种储存库、气候调节器,在保护生态环境、保持生物多样性以及发展经济社会中,具有不可替代的重要作用。

大面积的湿地通过蒸腾作用能够产生大量水蒸气,不仅可以提高周围地区的空气湿度,减少土壤水分的丧失,还可诱发降雨,增加地表和地下水资源。据调查,湿地周围的空气湿度比远离湿地地区的空气湿度要高 5% ~ 20% ,降水量相对也多。因此,湿地有助于调节区域小气候,优化自然环境,对减少风沙干旱等自然灾害十分有利。湿地还可以通过水生植物的作用,以及化学、生物过程,吸收、固定、转化土壤和水中营养物质含量,降解有毒和污染物质,起到净化水体、消减环境污染的重要作用。

我国湿地分布于高原平川、丘陵、海岸等多种地域,跨越寒、温、热多种气候带,生境类型多样,生物资源十分丰富。据初步调查统计,全国内陆湿地已知的高等植物有 1 548 种,高等动物有 1 500 种;海岸湿地生物物种约有 8 200 种,其中植物约 5 000 种、动物约 3 200 种。在湿地物种中,淡水鱼类有 770 多种,鸟类 300 余种。湿地鸟的种类约占全国的三分之一,其中有不少珍稀物种。世界 166 种雁鸭中,我国有 50 种,约占 30% ;世界 15 种鹤类,我国有 9

种,占60%,在鄱阳湖越冬的白鹤,占世界总数的95%。亚洲57种濒危鸟类中,我国湿地就有31种,约占54%。这些物种不仅具有重要的经济价值,还具有重要的生态价值和科学研究价值。广阔多样的湿地蕴藏着丰富的淡水、动植物、矿产及能源等自然资源,可以为社会生产提供水产、禽蛋、莲藕等多种食品,以及工业原材料、矿产品等。湿地水能资源丰富,可以发展水电、水运,增加电力和交通运输能力。许多湿地自然环境独特,风光秀丽,也不乏人文景观,是人们旅游、度假、疗养的理想佳地,发展旅游业大有可为。此外,湿地还是进行科学研究、教学实习、科普宣传的重要场所。

我国加入国际《湿地公约》以来,被列入《国际重要湿地名录》的湿地主要有黑龙江扎龙自然保护区、青海鸟岛自然保护区、海南东寨港红树林保护区、香港米埔湿地、江西鄱阳湖自然保护区、湖南东洞庭湖自然保护区、吉林向海自然保护区、黑龙江洪河自然保护区、黑龙江三江自然保护区、黑龙江兴凯湖自然保护区、内蒙古达赉湖自然保护区、内蒙古鄂尔多斯自然保护区、大连斑海豹保护区、江苏大丰麋鹿自然保护区、江苏盐城沿海滩涂湿地、上海崇明东滩自然保护区、南洞庭湖自然保护区、西洞庭湖自然保护区、广东湛江红树林保护区、广东惠东港口海龟保护区、广西山口红树林保护区、辽宁双台河口湿地、云南大山包湿地、云南碧塔海湿地、云南纳帕海湿地、云南拉什海湿地、青海鄂陵湖湿地、青海扎凌湖湿地、西藏麦地卡湿地、西藏玛旁雍错湿地、黄河三角洲湿地等。

一、腾冲北海湿地

腾冲北海湿地保护区(图3-1和图3-2)四面环山,地理位置特殊,属高原火山堰塞湖生态系统,大片漂浮于水面的陆地犹如五彩缤纷的巨型花毯,且生物多样性复杂。北海湿地具有极高的生态旅游观光价值与科考价值,保护区现由腾冲县旅游局、环保局和打苴乡政府合资成立北海湿地生态旅游发展有限公司,进行生态旅游保护性开发。景区硬件设施现已基本完成,实现通水、通电、通路。

图 3-1 腾冲北海湿地水域状态

图 3-2 腾冲北海湿地生态景观

腾冲北海湿地保护区位于腾冲县城西北向,距城 12.5 千米,打苴乡境内,是 1994 年 12 月国家首批公布的全国 33 处国家重点湿地之一,也是云南省唯一的国家湿地保护区。保护区面积 16.29 平方千米,北海面积 0.46 平方千米,其中水面面积 0.14 平方千米,海排面积 0.32 平方千米。湿地或者沼泽地上的生态系统特征是排水差,因而大部分或全部时间内有缓慢流动的水或滞留水渗入土壤中。通常根据土壤和植物区分为酸性沼泽、草本沼泽和森林沼泽,北海湿地是草本沼泽。

当地人经常把随意切开的一小块草排当竹筏子来划,用以捕鱼虾;还有人干脆在草排上开个洞,把鱼竿伸到洞里钓鱼,其乐融融。每年四月中下旬,这里的景色最美,那时满目北海兰花开,美不胜收。秋天时草排颜色有些枯黄,空气里飘着草叶的清香,芦苇丛中不时传来嘎嘎的野鸭叫,湖面上不时有游人初踩草排的惊喜叫声。泛舟湖面,宛若置身在大草原,只不过这片"大草原"是漂浮在水上的。

长久以来,湿地周边居民都有使用和利用湿地资源的习惯。其利用湿地资源的主要方式有放牧、牲畜饲养、采集(食用或药用)、直接使用等。此外,周边居民对湿地进行的人为干扰行为有焚烧、耕作、养鱼、水牛掏沟等。自从北海湿地列入自然保护区后,周边居民对湿地资源的利用方式发生改变。保护区政策对生态系统多样性的保护起到了巨大的带动作用,在一定程度上也改变了当地居民对自然资源的利用方式。

北海湿地开展旅游业以来,由于经济发展较快,传统的低利润的利用方式逐渐消失,新兴的高附加值产业开始发展。传统的席草草席编织、捕鱼竹笼、竹帽编织、水牛养殖等利用方式逐渐淡出人们视野。选用三角梅、睡莲及竹丝编制的旅游纪念品和带领游客体验湿地草排等具有高附加值的利用方式逐渐兴起。对周边居民而言,虽然湿地资源利用方式和利益相关方已经发生改变,但在短期内周边居民依然习惯于用原有的方式从北海湿地内获取生产生活资源。与过去相比,传统利用行为的数量和力度有所降低。

二、杭州西溪湿地

西溪国家湿地公园位于杭州市区西部,距西湖不到 5 千米,是罕见的城中次生湿地(图 3-3)。这里生态资源丰富,自然景观质朴,文化积淀深厚,曾与西湖、西泠并称杭州"三西",是目前国内第一个也是唯一的集城市湿地、农耕湿地、文化湿地于一体的国家湿地公园。

历史上的西溪占地约 60 平方千米,现实施保护的西溪湿地总面积约为

图 3 – 3　杭州西溪湿地的建筑组群

11.5 平方千米,分为东部湿地生态保护培育区、中部湿地生态旅游休闲区和西部湿地生态景观封育区。西溪之重,重在生态。为加强生态保护,湿地内设置了费家塘、虾龙滩、朝天暮漾、包家埭和合建港五大生态保护区和生态恢复区。入口处设湿地科普展示馆。西溪还是鸟的天堂,园区设有多处观鸟区及观鸟亭,为游客呈现出群鸟欢飞的壮丽景观。

西溪湿地内河港、池塘、湖漾、沼泽等水域面积约占 70% 左右,其中大小滩地 20 处;河流总长 110 多千米,其中一期范围内约 38 千米;大小鱼塘 2 773 个,一期工程内就有 383 个(图 3 – 4 和图 3 – 5)。湿地内主要有 6 条纵横交错的河流围合汇聚,其间水道如巷、河汉如网、鱼塘鳞次、诸岛棋布,形成了一批情趣各异的水乡景观。湿地内分布有维管束植物 85 科 182 属 221 种、浮游植物 7 门,6 个植被型组。现在保留下来的老柿树在一期工程内就有 2 802 棵。湿地内的鸟类资源也极其丰富,有 12 目 26 科 89 种,占杭州所有鸟类总数的近50%,形成人与自然和谐共生的奇妙美景。

图3-4　西溪湿地生态景观

图3-5　西溪湿地水域环境

　　西溪湿地旅游资源最有特色之处在于其是城市中心湿地生态景观。在城市中有如此大面积、高品位、美风光、地域传统文化的湿地资源,是非常珍贵的,这在长三角旅游圈中具有不可替代的强大竞争优势。西溪湿地已经在国内建立了较高知名度,成为众多游客度假休闲的青睐之地。

　　西溪创意产业园位于杭州西溪国家湿地公园东北角的桑梓洋区域,占地0.95平方千米,约为整个西溪国家湿地公园面积的10%,也是西溪国家湿地公园文化精粹之地(图3-6)。创意园于2009年11月开园,园区建筑共有59幢,总建筑面积约2.6万平方米,投资近1.4亿元。创意园坚持"名人立园,影视强园"发展战略,重点发展影视和文学艺术产业,签约了不少名家大师,引进了文化创意企业、影视企业入驻。

图3-6　西溪湿地文化园区

　　借助名人优势,发挥名人效应,这些关注杭州发展、融入杭州发展的名家大师们在西溪创意产业园内将生活和创意融于一体,以国际的视野繁荣杭州文化创意产业,以杭州的文化激发创意的灵感和热情。园区借力创意企业总部基地、名人工作室举办各类文化创意交流活动,进一步打响"西溪创意"品牌,给杭州文化创意产业发展创造新的亮点。

三、西藏班公错湿地

西藏自治区级自然保护区班公错湿地位于西藏西北端,面积563平方千米(图3-7)。主要地貌是高原湖盆、草原、草甸、灌木、沼泽地。主要保护对象是以班公错(湖)为主体的高原高寒湖泊、沼泽湿地生态系统及依赖这些湿地生存的珍贵野生动植物。班公错从我国境内向西延至中印边境线,湖面长100千米左右,总面积604平方千米,在我国境内面积413平方千米。班公错南北平均宽约4千米,全湖周长285千米,湖面海拔高程4241米,平均水深20米左右,最深41.3米,东淡西咸,淡水储量46.57亿立方米。

图3-7 班公错湿地水域环境

班公错湿地保护区内的植被有落叶阔叶灌丛、荒漠、荒漠草原、草甸、沼泽和水生植被等类型(图3-8)。湿地植物资源较丰富,种类达260多种。班公错湿地还有世界上分布最多的芦苇群落,有模式标本产地就在班公错的班公柳群落。班公柳是保护区特有的珍贵植物,天然分布在班公错沿岸的湖边、山沟或河滩地,具有耐干旱、耐贫瘠和耐低温等特点。目前除天然分布外,当地还广泛开展人工造林,班公柳灌丛高2~5米,覆盖度30%~40%。班公错湿地保护区有野生脊椎动物120多种,其中水鸟类达一半以上。班公错湿地拥有举世闻名的鸟岛,每年有数十万只水鸟到班公错岛屿栖息繁殖,岛上鸟蛋成堆、鸟巢遍布,鸟类铺天盖地、声闻数里,甚为壮观。班公错湿地也是高原特有鱼类全唇裂腹鱼、高原裸裂尻鱼等的原产地。

图3-8 班公错湿地生态景观

班公错湿地的独特之处在于它没有被圈界,也不属于收费景区。新藏线219国道穿过湿地中间,把这块土地一分为二,水鸟们依然在这里栖息,自然安详地在公路两边的湿地里戏耍。湿地周边有芦苇、菖蒲、青藏野青茅、碱茅、赖草以及藏西蒿草等。

第四章　黑龙江省城市湿地公园的整体环境调研评析

黑龙江流域具有湿润、半湿润和半干旱气候特征，区域内分布着 12 种类型的湿地，皆属于淡水湿地，种类十分丰富。黑龙江湿地面积辽阔，主要分布于三江平原、松嫩平原和兴安岭山地，其中，天然湿地和人工湿地分别达到 600.9 万公顷和 199.8 万公顷（2020 年统计数据）。由于工农业生产、城市建设、气候变迁、降水量锐减，以及灌溉工程建设等因素，当地的湿地大面积减少，生态环境恶化，损害了湿地的功能，也破坏了生物多样性，甚至可能导致湿地景观消失。近年来，相关部门已开展了黑龙江流域湿地保护工作，取得了一定的成效。在各高校以及科研单位的配合下，多次针对各湿地的分布区域、面积，以及动植物资源做了调查，并掌握了精确的数据。截至 2020 年年底，黑龙江省湿地类自然保护区达到 63 个，总面积 608.3 万公顷，在全国湿地面积中占比 38.0%。其中，国家级自然保护区 24 个，国际重要湿地 6 处，有 3 处保护区跻身"人与生物圈"保护名录，4 处保护区成为"东北亚鹤类保护网"的一部分。

基于上文对景观生态和城市湿地公园开发建设相关理论的研究，在充分考虑黑龙江省城市社会经济发展情况、生态旅游发展程度的基础上，对湿地园区的类型、规模、区位、性质做了全面的分析，研究选取黑龙江省哈尔滨、大庆、齐齐哈尔三地具有代表性的城市湿地公园项目进行分析和评价，这三个城市的湿地公园具备典型性，能充分体现出黑龙江省各地城市湿地公园的建设与发展现状。

选择案例原则：

（1）关注度典型性原则。根据项目的类型、面积、区位、依托类型的不同，选取了黑龙江省省会城市和其他历史人文精神较为浓厚的城市。这些城市民众关注度高，湿地生态环境相对典型。

（2）地域城市代表性原则。选取具备典型性的城市湿地公园案例，这些案例能反映出黑龙江省各地湿地公园的建设情况。

（3）可持续长远性原则。选取目前经营状况正常，能够代表当下黑龙江省城市湿地生态旅游发展水平的案例。

第一节　哈尔滨城市湿地公园

一、园区建设背景

群力湿地处于城市建成区内，属于该区域重要的生态资源，城市开发建设使其与城市生态系统相隔绝。由于城市的大规模扩张，群力湿地面积逐年减少，对生态系统的破坏较为严重，补水量减少，也影响到了生物的多样性，该湿地进入了水生演替后期，湿地景观面临消失的危险。

哈尔滨市道里区政府鉴于群力湿地生态破坏较严重的现状，研究后决定对现有路网进行调整，以有效修复这一湿地。2009年12月，群力城市湿地公园获批，成为国家级城市湿地公园，于次年开展全面修复工作。

哈尔滨群力湿地公园（图4-1和图4-2）位于群力新区，面积为34.21公顷，开始作为雨水湿地公园，专为解决城市内涝问题而建。群力湿地公园作为区域湿地受到了保护。但受城市和附近道路建设的影响，湿地不断被占用，面积缩小。公园建设面临两大难题：一是当地年降水量达到567毫米，60%~70%出现于夏季，历史上这一地区屡屡发生严重的洪涝灾害，公园在设计时要考虑缓解城市洪涝的问题；二是要面对城市建设对湿地生态造成的损害——

湿地面积缩小、物种减少。

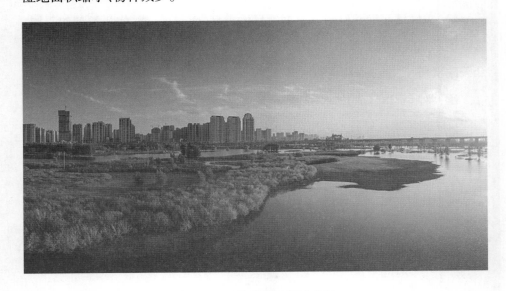

图4－1　哈尔滨群力湿地公园

图4－2　哈尔滨群力湿地公园现状全貌

　　群力湿地公园的规划设计应用了"城市雨洪管理绿色海绵技术"，使湿地的建设不只是为了保护生态，更能分流城市的雨洪。借助雨洪这一条件，将湿地建设成为城市雨洪公园，湿地成为城市的一种重要的生态设施，发挥多重生态系统功能：它先对雨水进行收集，加以净化后，使其流入地下含水层中；受益于充沛的雨水，城市生态系统也会更加良好；同时，精心设计的雨洪公园因为环境优美,也为城市居民提供了理想的休憩地,这也是群力湿地公园的价值所在。

二、园区基础条件

群力新区位于哈尔滨西部,北邻松花江,东邻市中心,地理位置优越,具有丰富的自然资源。南靠机场高速公路,东边连接城市的二环、三环、四环路,交通四通八达,成为哈尔滨最具生态旅游景区开发前景的区域。

群力湿地公园作为生态公园,具备观赏、观测、教育、科研等多重功能。它被六条城市干道环绕,作为城市开发中预留的原生湿地,发挥着城市"绿肺"的作用(图4-3)。

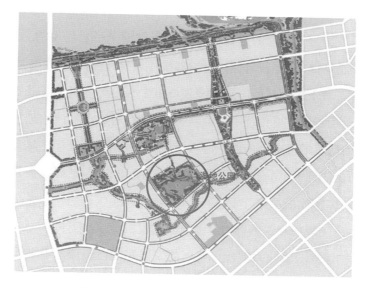

图4-3　哈尔滨群力湿地公园区域周边

2008年7月,群力新区规划设计人员偶于东区发现一处天然湿地,为路网环绕,当地人称为"黑鱼泡"。在测量和勘察后确认该湿地面积为33公顷,已呈现出严重缺水状态,有些区域已被周边居民开垦和耕种(表4-1)。由于城市的大规模扩张,湿地面积逐年缩小。湿地生态系统遭到破坏,水量枯竭,生态系统日益恶化,也影响到了生物的多样性。

表4-1 哈尔滨群力湿地公园主要经济技术指标

项目		数值/平方米	比例
项目用地总面积		303 690	100%
原生湿地面积		217 957	71.77%
人工湿地面积	建筑占地面积	550	0.18%
	道路广场面积	12 762	4.20%
	绿化面积	72 421	23.85%

三、园区建设主题与发展定位

哈尔滨群力湿地公园的建设主题是基于细胞学说对场地的启发,即一个高效的维护结构、一个具备自控代谢的有机体、一个适应环境并影响环境的结构单元。位于城市繁荣区的湿地公园是城市中心海绵体营造及其效果观察的一个实验,运用我国农业传统中的桑基鱼塘技术,对城市低洼地进行简单的填挖方处理,营造了城市中心的绿色海绵体。结果表明,用10%的城市用地就可以解决城市内涝问题,同时发挥综合的生态系统服务,包括提供乡土生物栖息地、城市居民休憩地以及提升城市的品质和价值。

基于生态优势的哈尔滨群力湿地公园的发展定位如下:

(1)保护遗存湿地的完整性。城市的发展建设已经使原有的大片湿地退化萎缩,如何处理湿地与城市发展的关系是湿地能否得到有效保护的前提条件。现状湿地已被周边的商业用地、居住用地、城市交通干道包围、阻隔,不仅与外界生态系统隔断了联系,更受困于城市当中。因此,需采取有效措施,使湿地免受外界环境的干扰与侵蚀,构建一个完整的湿地系统。

(2)恢复湿地生态系统的健康。场地内群落结构单一、生物多样性较低,随着湿地本身的补水量不足及木本阶段演替的加剧,湿地内生境已遭破坏并退化。如何恢复退化生境,设计合理的群落结构,补水增湿,新投放动植物及微生物物种,丰富生物多样性,引导群落自循环与演替是湿地生态恢复的核心和重点内容。

（3）确保湿地的可持续发展。天然湿地在不断发展建设的城市当中弥足珍贵,是城市的天然"绿肺",具有高效能的生态价值,也是城市居民休闲活动的特色景观。确保湿地由退化到健康的转变,同时使其长足可持续发展,是保护湿地、发挥其长久生态功能的意义所在。

四、园区空间布局与功能分区

群力湿地公园分为两部分:一部分是自然湿地,另一部分为人工湿地。自然湿地处于人工湿地的环绕中,共同构成了细胞结构。湿地保护中,要将保护放在首位,先开展恢复工作,使湿地与城市实现良性发展,恢复湿地的本来面目,打造人与自然和谐相处、共生共荣的湿地公园。

园区的空间布局可以分为以下四个层面:

（1）湿地心脏——成为城市生态体脉。

（2）湿地遗产——延续场地历史记忆。

（3）都市绿肺——建设城市中央公园。

（4）湿地模型——探索城市湿地的保护策略。

群力湿地公园外围是人工建设的湿地环境,游客可以在此认识自然,欣赏自然美景。人工湿地就是在保持湿地内部生态环境美好、不受干扰的情况下,向城市人群开放的湿地景观。它的生态价值并不属于天然湿地,其主要作用是向人们展示湿地公园的景观,并发挥包括科教、科研、湿地体验在内的诸多生态服务功能,以满足城市建设中保留天然湿地的功能定位。

人工湿地主要由为数众多的湿地泡组成。根据"边缘效应",这种类型的人工湿地比起原生态湿地,生态效益更佳。

在人工湿地中,湿地泡设立于原生态湿地外多个空间台面上,其主要作用是通过外部向内部汇集水分,空间层次感较强;在设计湿地泡时,采用了多个类型的植物群落,随着湿地水量的季节性变化,所展现的景观也各异,植物群落所使用的植物包括旱生、湿生、旱生＋湿生等种类,使得湿地生态系统呈现出多物种共存的繁荣景象。

五、园区基础设施建设

城市生产和生活不可避免地会产生噪声,对湿地内的动物产生影响。为了消除这种干扰,群力湿地选择了建设植物防护带。防护带以乔、灌木相结合的方式,形成一层坚实的"细胞壁";而泡状的人工湿地就处于防护带之内。若是将湿地公园比作细胞的话,处于核心的原生态湿地可看作细胞核,而人工湿地可以看作细胞泡。人工湿地除了用于保护原生态湿地外,还能向其提供养分,弥补其不足,种植更多的湿地植物,使内部生物物种更丰富,以加快湿地系统自我调节,更好地修复,长久地发挥其生态调节功能。

由于群力湿地公园处于繁华区域,纵横的路网切断了湿地的水源,湿地直接受到洪水威胁。土人景观公司的设计策略是将湿地改造成"绿色海绵",使其成为一座新型的城市雨水公园。这样不仅拯救了消失的湿地,也为新的城市社区提供了多种生态系统(图4-4)。此外,群力湿地公园还设置了雨水收集、净化、利用的多种模式:

(1)雨水收集方式。在设计中,选择由绿地、广场等设施来对雨水进行收集,导流入小型集雨池。

(2)雨水净化方式。选择生态净化方式,以植物、土壤、砾石作为净化材质,雨水在净化处理后,可以作为景观用水得到充分利用,或者去灌溉园内植被,作为绿化用水。

(3)雨水利用方式。用于为景观补充必要的水分,其他的则用于绿化灌溉;水量过大时,需通过市政管网排放。

图4－4 哈尔滨群力国家城市湿地公园中心区

六、园区景观特色

群力湿地公园设计的目的就是将即将消失的湿地加以改造,建成生态旅游公园,为城市雨涝的排放提供场所,并借助城市雨洪来为湿地系统供水,恢复湿地生态,打造具备多种功能和服务的城市生态基础设施。群力湿地公园建成后,不但在城市防涝中发挥了重要作用,也为民众提供了一个环境优美的休闲场所,使他们从中获得了多元化的生态体验。

(一)空中栈道

在群力湿地公园设计中,土人景观公司选择了在人工湿地之上架设空中木栈道,部分路段还架设了下行栈道,为游人游览人工湿地提供了便道。空中栈桥穿越于各丛林间,并在空中建成了连续景观走廊,成为一种观景界线(图4-5至图4-8)。人们可驻足于各个角落,全方位欣赏湿地美景;同时,空中栈桥还可实现科普教育作用,人们在欣赏湿地景观时会对湿地有更多的认识。

图 4 - 5　哈尔滨群力湿地公园空中栈桥

图 4 - 6　哈尔滨群力湿地公园地面景观

图 4 – 7　哈尔滨群力湿地公园地面绿化

图 4 – 8　哈尔滨群力湿地公园路面交通

（二）观景塔

在湿地东北和西南两角空中栈道衔接处，分别建成了特色观景瞭望塔（图4-9）。两座瞭望塔遂成为公园内的标志性建筑。观景塔在设计时出于对自然的崇敬，别出心裁地以"生长树""巢穴"为主题，向人们展示了湿地公园质朴自然的一面，也彰显了园内的景观特色。观景塔提供了一种较高的视角，人们可站立于此，俯瞰湿地内景观，也方便相关人员对园内生态环境进行监测。

图4-9　哈尔滨群力湿地公园观景塔

（三）观景盒

群力湿地公园内还建成了六个观景盒，以芦苇、泥土、石头、木料、钢材、砖六种材料建成，这些材料或取自公园内，或是当地特有材料，从而彰显公园的地域特色。六个观景盒（图4-10至图4-12）分别对接城市干道的东、南、西三面，并利用道路连接城市主干道，形成次入口，满足游客的多元化游览需求。观景盒沿着地形进入湿地内部，成为线性观景廊道。

图 4 – 10 哈尔滨群力湿地公园观景盒设计

图 4 – 11 哈尔滨群力湿地公园空中栈道

图4 –12 观景盒中的观景效果

（四）观景台

观景台呈三角状,建于栈桥拐角处,在形式上又分为坐凳、廊架两种,用于人们在观景时休息。廊架观景台(图4 –13和图4 –14)处于地形泡之上,因为密林是一种清幽的场所,适合人们休息;坐凳建于湿地泡上,可构建更宽敞的观景空间,视角更开阔。

（五）边界系统

在湿地公园与城市交汇处建成宽度为2米的沙砾带(图4 –15),可连接湿地与城市,成为一种休闲走廊;可放大某些区域,用于游客和城市居民交流和休息;也可用于健身,人们在其中跑步、散步或进行其他的娱乐活动。沙砾带为人们提供的这种公共服务,是公园传统功能的体现,对于地面径流也起到了净化效果,使进入湿地的雨水更纯净。

图 4 – 13 廊架观景台

图 4 – 14 廊架观景台构造细节

图 4 – 15　哈尔滨群力湿地公园人行步道沙砾带

七、园区基础配套设施建设

标识系统是在设计湿地公园景观时,根据其空间特征所设计的标识,具体可分为名称、引导、说明、限制四种标识(图 4 – 16 至图 4 – 18)。

图 4 – 16　哈尔滨群力湿地公园入口构筑物

图 4 - 17　哈尔滨群力湿地公园入口景观

图 4 - 18　哈尔滨群力湿地公园入口构筑物二层平台

(一)名称标识

名称标识标出设施及环境场所的名称。通常位于公园入口旁,绘制了园区的平面图,标出了旅游线路,以及游客此刻所处的地点,同时还添加了游园细则等内容,使游客进园前对内部情况及注意事项有初步的了解,从而可以有序游览。

(二)引导标识

引导标识指示前往各个目标的路线。一般设立于十字路口,标明了各个景点、道路,以及相关建筑物、餐厅和卫生间等服务设施的所在位置,使游客能及时了解相关信息,方便其尽快找到目的地。

(三)说明标识

说明标识介绍相关的历史背景或者物品的使用方法、注意事项,增加游客对相关事物的了解。湿地公园作为一种独特的景点,本就具备了科普教育作用,丰富的动植物种类带给游客的不只是美妙的视觉享受,也让他们有机会亲近大自然,了解动植物。将各种动物或者植物以图文的形式介绍给游客,可以使他们在轻松愉快的游园过程中,学习到相关的科学知识,增长见识。

(四)限制标识

限制标识用于约束人们的行为,起到警示作用。安全或者管理标识,目的是提醒游客文明、有序地游览,避免去做一些危险的行为,危害人身安全或损坏公物。

(五)其他设施

湿地公园座椅多设立于下层埢道与各个入口处,参与各个湿地泡来设计造型,并对其加以"切割",创新性地结合各随机的曲面与人体工程学原理,使游客可以得到休息,也增强了他们的体验感。座椅表面以各种形状的木条设计出不同规则的图案,柔性的质感看起来十分质朴,也能给人带来美的享受,同时也与自然和场地交融,不但实用,也无夸张之感。

湿地泡作为湿地中的重要元素,同时也作为一种标识性元素,促进环境景观朝着一体化设计发展。垃圾桶也使用了这种造型,在不影响其使用的情况下,将标识性元素运用到了垃圾桶的各个立面和投放口。材料、外观以及质感皆与座椅风格一致,也与公园内景观的整体格调相同,并按照园内各个地段的游客数量来决定垃圾桶的数量,在公园入口以及主要路段上,垃圾桶的密度是每 50 米一个。

第二节　大庆城市湿地公园

一、园区建设背景

距离大庆市中心 8 千米的龙凤湿地自然保护区,是我国少有的几块"城市湿地"之一。面积 7 000 公顷,为亚洲最大的城市湿地。据投资建设等部门推算,龙凤湿地生态系统每年产生的生态价值至少在 4 亿元以上,是一笔自然赐予的宝贵财富。

龙凤湿地公园坐落于大庆市龙凤区,作为著名的石油城市,大庆石油工业十分发达,素有"百湖之城""北国温泉之乡"之称(图 4 – 19)。大庆湿地总面积达到亚洲第一,湿地主要有如下几种特征:

(1)大庆根据规划建设龙凤国家湿地公园的指导精神,保护面积辽阔的湿地,整个公园占地面积 263 公顷,包括城市印象、体育休闲和湿地观赏、体验三部分,是全国最大的国家级城市湿地公园。

(2)发育较成熟。拥有多个湿地类型,主要表现为缓缓流淌的河溪、池塘、沼泽地、湖泊,存在多样化的生活类型,也存在各种类型的珍稀濒危动物。

图 4 - 19　大庆市区鸟瞰图

（3）湿地景观类型较丰富,不但分布有数量较多的湖泊、沼泽地,还有与其共生的多种灌木丛、草甸、次生林、人工林、沙地等。

二、园区基础条件

龙凤湿地公园坐落于湿地自然保护区西北部,靠近实验区,规划的公园范围较广,东南至世纪大道,西至保护区管理中心,形状如"L"形的区域。园内景观以湿地为主,致力于维持良好的生态环境,提供生态服务,发挥其功能效应以对湿地进行高效开发,合理利用,为公众提供多种服务;集游览、休闲、文教和科普服务于一体,以实现可持续利用,使人们在游览中获得美妙的生态体验,满足其生态旅游需求。

龙凤湿地地势平坦,是无林地区。根据该湿地植被的建群种、地形地势、水分条件、土壤类型的外貌与结构等因子,可将其植被划分为草甸、沼泽和水生植被。园区内湿地低洼平坦、泡沼相间,自然坡降小于1‰。土壤由草甸土和泥沼土组成,其中沼泽土是主要土壤类型,分布面积约占湿地总面积的80%左右。由于龙凤湿地位于松嫩平原边缘,受到大小兴安岭及黑龙江省东部山地的影响,在植物地理分布上具有混杂的特点,既有北温带分布的植物属性,又有温带、亚热带分布的属性,湿地内的植物具有地理成分的复杂性和地理联系上的广泛性。这样的环境使湿地植物种类较多。同时,受海拔地形等因素的影响,夏季气温较高,因而东北地区植物较多,但该湿地并无特殊品种,与其地区地质地貌形成年代较短而且植物发育条件较差有关。

三、园区主题与发展定位

龙凤湿地公园的主导目标:其一,主要致力于建设大庆市文化生态景观廊,以充分展示当地的文化底蕴,彰显地方特色,为人们提供高质量的观景场所;其二,建成大庆主要的休闲娱乐区域,立足于城市总体规划,在对湿地进行有效保护的前提下,发挥其潜能,与湿地区域内现有植物相结合,构建多层次、优美宜人的滨水空间(图4-20);其三,构建出简约、和谐的生态园林带,立足于保护和开发并重的原则,对空间进行有序的整合,将各种功能充分融合,将湿地公园打造成为洋溢着区域特色的生态景观带。

图4-20 大庆龙凤湿地公园滨水空间

龙凤湿地公园建设的宗旨是促进经济平衡,保障环境永续,更好地运用当地的自然资源,实现生态教育,促进文化体验,使湿地景观的潜能得到合理的开发,使其成为大庆市的东大门。湿地公园要全面、系统地开发,如先架设跨湿地桥梁,以杜绝污水、农药与油污渗透到湿地内;对周边区域也要做科学的规划,使人与自然和谐发展、建筑与自然景色充分融合、湿地承载力能与旅游和发展相协调。

　　湿地公园区域共设立水岸生活区、城市公园、湿地公园以及创意园区四个功能园区。湿地的北部规划了占地 1 000 公顷的水岸生活区,在开发建设中,注重与现有的湿地景观资源以及城市居住空间相融合,从而为人们提供一个适合于居住与休闲的优质自然环境(图 4 - 21 和图 4 - 22)。其中,生活社区与千岛湖度假村是建设的重点,规划了 414 公顷的居住用地,350 万平方米的建筑面积,可定居 10 万人。

图 4 - 21　大庆龙凤湿地公园滨水环境

图 4 - 22　大庆龙凤湿地公园整体生态环境

四、园区空间布局与功能分区

龙凤湿地公园区在总体格局的规划上,提出了要建设一带、一谷、一湾、一滩,以及三个主题公园。

"一带"——大庆文化展示带。平坦而辽阔的大草原、宛如青纱帐的芦苇丛、平静而澄澈的湖泊群、郁郁青青的次生林、质朴而奔放的蒙古族风情,共同构成了大庆迷人的地域风情。

"一谷"——森林运动谷。针对一些户外运动爱好者的需求,建设了一些富有挑战性的极限运动场地,作为运动谷的主体特色。运动项目包括攀岩、空中冲浪、极限滑水、直排轮、滑板等。

"一湾"——凤舞图腾湿地湾。在湿地水景建设中,巧妙地运用凤凰这一图腾,创造凤舞九天、如行云流水的艺术美,通过巧妙地设计植物群落、水体以及驳岸的形态,使场地整体如同一只飞舞于云空的凤凰,彰显大庆新城特有的时尚感和活力。

"一滩"——龙纹肌理湿地滩。景观岸线呈带状,以龙纹做了装饰,并将游园步道、栈道等元素与景观艺术观光塔相结合,使生态湿地更富时尚感,动感十足,也流溢着旋律美,展现了大庆城市的现代气息。

"三个主题公园"分别为城市门户公园、休闲体育公园、生态湿地公园。将对湿地的保护、修复与再生功能作为主旨,同时注重生态体验、环保意识、北方四季特色,从细节上彰显湿地独特的魅力,使人与自然和谐发展、建筑与自然景观完美融合、湿地承载力与旅游和发展相协调(图4-23)。

图4-23 大庆龙凤湿地公园生态环境

龙凤湿地公园致力于建设成为大庆的门户公园。由于公园靠近世纪大道,采用了花伞、水珠、羽毛等装饰入口,而景观伞和广场灯柱相结合,使空间景致错落有致。在景观设计中,也注重保持时代感,风格上则以简约、大气为主要原则,使之成为这个城市入口处的标志性景观。

龙凤湿地公园致力于建设休闲体育公园。在设计广场景观时,运用了历史标尺概念和大地艺术造景手段,与湿地水景观相结合,从而给人一种时尚大气的观赏效果。

龙凤湿地公园致力于建设生态湿地公园,这也可以视为其建设工程主要的设计理念。所以在设计入口建筑时,以生态绿叶为主要形态,力求达到动感有序的观感,并与广场空间形态完美地融合,以达到与生态主题相一致的艺术效果(图4－24和图4－25)。在建筑内部则规划了包括售票处、客服中心、小卖部在内的多个部门。

图4－24　大庆龙凤湿地公园生态植物

图4－25　大庆龙凤湿地公园生态植物

五、园区产业分析

基于前文的分析,对龙凤湿地公园生态旅游园区生态建设的分析总结如下。

首先,促进了湿地自然生态系统保护。湿地资源最显著的特征在于拥有多样化的物种,但同时它又比较脆弱。龙凤湿地公园在建设中,主要是以保护湿地资源为前提,在大力发展生态旅游的同时,力求实现保护与开发同步发展。将旅游业作为发展重点,使其带动当地经济增长,也会对其他行业产生辐射效应,使资源保护和开发的冲突得到有效的缓解。

其次,有效提升了民众环境保护意识。湿地生态游比起一般的旅游形式,能发挥生态环境教育作用。游客在欣赏眼前优美景色、获得视觉享受的同时,也了解了湿地公园内动植物和其他物种有关的知识,从而深刻地感受到保护生态环境的重要性,在内心深处形成对大自然的热爱和崇敬之情,也强化了环保意识。

最后,能够促进区域旅游经济,实现全方位发展。和别的旅游产业一样,湿地旅游产业对本地产业也有提升效果。在保护区政策的正确指导下,龙凤湿地依照规划,加快建设国家湿地公园,各场馆和水上项目也在同步建设中;根据龙凤区政府的工作目标,下一步会加快周边的坑烤餐饮业、农业创业产业园等配套项目的建设工作,使生态旅游与周边配套产业相互促进、协同发展。

实践历程是印证总体建设的必由之路。2004 年,大庆市开始建设龙凤湿地管理中心,于 2006 年建成并投入使用。在设计中心瞭望塔造型时,也是别出心裁,选择了蒲棒草为主要材质(图 4-26)。在设计中,让标志碑、广告牌、主题雕塑和湿地环境之间完美地融合,形成良好的艺术效果。湿地管理中心先后投入资金,建成了湿地的管护站、蓄水闸、监管系统,使湿地生态保护能力进一步得到提升,也加强了监管。

图 4 - 26　大庆龙凤湿地公园游览环境

六、园区景观特色

龙凤湿地公园的设计基于"凤凰起舞、湿地重生;水袖歌舞、绸带飘飞"这一独特的创意,以绸带来进行绿化,加上高度发达的交通网,构建了宁静、富有意趣的生态绿岛,让人流连忘返的湿地水湾,各种创意元素充分融合,将龙凤湿地公园营造成游玩、度假胜地,成为大庆这座城市中的绿洲。在进行规划时,结合实际的地理特征,把景观轴设计为弧线或者直线形,有效串接公园内各处景色,建成有机整体。主要的景点有:

(1)开拓之门。此处为公园入口处,具有开拓之意,在设计上采用凤凰图腾这一创意,结合中国门这一独特造型,给游客一种大气、友好的感觉,也提升了大庆在游客心目中的形象。

(2)滨水广场。对临水区域做了精心设计,建成了硬质临水广场,游客可以在此畅意地游览旖旎多姿的景观。

（3）水景艺术。将大庆的历史底蕴形象地展示给游客,运用石油流水这一创意,结合祥云图腾,营造出一种空灵的意境,使景观呈现出"流云水幕"这一美妙的艺术效果。

（4）休闲湿地湾。在水雾氤氲的湿地湾中打造了一个供游客小憩、相互交流的平台,使他们能在宁静优美的自然环境中,感受到大自然的美好和生命的真谛。

（5）湿地栈道。凌空木栈道建于湿地水面上,如同金绸带环绕水域,看似简约,但又给人以美的享受(图4-27和图4-28)。

图4-27　大庆龙凤湿地生态环境

（6）湿地挑台。在湿地水岸岸边,基于低碳理念,选择了阳光板为材质,于水岸边构建了三座观景挑台,游客可以驻足欣赏水天一色、波涌云飞的湿地美景。

（7）观光塔。观光塔在造型上取荷叶层叠之意,呈现出一种错落有致的艺术效果,矗立其上可以欣赏八方美景,从而成为园内第一地标景观。

图 4-28　大庆龙凤湿地公园栈道局部

（8）覆土科普馆。在设计上取绿叶形态，以生态覆土来进行建设，使之具有更强的科普观赏性，并以园区入口设计相呼应，使景观建筑呈现出自然、和谐、生态、统一的艺术特征。

（9）湿地生态馆。在对景观建筑的立面进行设计时，选择了透光性艺术手法，取缕缕阳光穿越幽暗的森林之意，覆土于建筑顶部，对顶部做了绿化，使整座建筑也绿意盎然，与生态湿地的景致相一致，从而获得了自然、和谐的艺术效果。

（10）水岸咖啡厅。选择于临风处建造一处水景建筑，风格力求简约大气，游客可以在观景和休闲娱乐中，感受到人与景、人与自然生态融为一体的美妙意境。

七、园区旅游活动策划

首先，龙凤湿地公园对部分特色农家小院进行了保留。湿地中有部分农民住房并未拆除,而是完整地保留了下来,并做了精心的规划设计,为发展餐饮业提供了绝佳的场地。排列整齐的红瓦房与农家小院对游客有较强的吸引力,使他们在就餐时领略到别具一格的地域餐饮文化,从而将其打造成为湿地园区内的特色餐饮街区。

其次,保留了工业景观。公园外围还特意保留了输油管道,看起来雄伟而壮丽,见证了石油之城大庆的发展史,也让人们对大庆这座城市有了更深的了解。

再次,滨洲铁路横穿园区,这种交通景观也具备欣赏价值,但可能会对湿地内动物的生活造成干扰。而在全国各处湿地中,这种景观也是绝无仅有的,对于这种景观是否要加以利用,管理部门还存在争议。

最后,在湿地内还分布着一些蒙古族风格的健身设施和小型建筑。这种具有鲜明民族性特征的景观也是各地湿地公园中难得一见的人文景观资源。

八、园区主题文化

大庆市每年都要举行一次"湿地文化节"向外界展示大庆的美好形象。而湿地所举办的"观鸟节"每次都会吸引几十万中外游客至此游览和科考。龙凤湿地公园也通过这两个节日,来宣传生态旅游和动物保护理念。

九、园区生态保护

第一,园区的生态环境保护工作采用常态化补水补偿模式。主要应做到以下几点:对利益相关者进行准确的识别,对成本和收益做准确的计量;选择合理的方式来补偿相关者的利益,制定出科学的补偿方式;针对成本分摊制定出具体的执行方案。

第二,水权交易模式。将洪水经过资源化处理后,分配给生态系统和工农业生产者。其中,生态系统所获得的分配量最大,工农业用户略小。不过,水权的初始分配并非固定不变的,也可利用水权交易来实现水权的有序流转。水权交易就是各个用户通过市场对自己所拥有的水权进行交易。比如在降水充沛的年份,湿地内水位较高,生态环境无须大量用水,可将水权转让给工农业生产者,使水资源的配置达到最优状态。

第三,构建供水和用水方风险共担模式。风险识别包括对水资源短缺、污染、灾害等方面的风险,成立风险基金,进行合理征收。

第三节　齐齐哈尔城市湿地公园

一、江心岛国家湿地公园

(一)园区建设背景

江心岛国家湿地公园位于齐齐哈尔新中林场施业区内,处于嫩江江心,对岸即为市政府。该公园东西宽 8 千米,南北宽 10 千米,湿地率为 13.96%。公园主要处于江心岛南岛,规划总面积十分辽阔,达到了 827.60 公顷。涉及部分江岸水域、支流、滩涂等,以及三种湿地类型,拥有丰富的动植物资源。2019年 12 月,该公园升级为"国家湿地公园"。

(二)园区基础条件

江心岛湿地公园为大陆性季风气候。春季风较大,但降水少;夏季降雨频繁,较潮湿;秋季秋高景明,同时伴随着霜冻现象;冬季干燥而寒冷。年均气温仅为 3.2 ℃,尤其是最冷的 1 月,平均气温下降至 –19.4 ℃,8 月是一年中气温最高的月份,月平均气温为 22.8 ℃;年降水总量为 415 毫米,主要分布于夏季。拥有充足的日照时间,达到了 2 861.9 小时;无霜期为 136 天。

根据湿地内的地理状况,对原生态湿地和人工湿地景观的差异采取不同的修复手段,在修复生态与保育相结合的基础上,考虑到土地的利用率,以及周边交通路网的具体情况,对公园空间布局进行科学的设计,分为五大功能区,即湿地保育区、恢复重建区、宣教展示区、合理利用区、管理服务区。湿地公园的建设有助于保护齐齐哈尔市母亲河水质、恢复建设江心岛水域生态系统,在现有生态条件的基础上,增加植被覆盖率,扩大湿地面积,净化河水水质,提升嫩江流域生物多样性,从而打造拥有良好的生态系统、丰富的物种资源、旖旎多姿的自然环境、完善的科教设施、现代化的休闲娱乐配套设备、深厚的文化氛围的湿地公园,使之成为区域内最典型的沼泽湿地公园(图4-29和图4-30)。

图4-29　江心岛湿地公园核心区域

　　江心岛湿地公园是最为典型的嫩江流域湿地公园,几乎集合了嫩江流域的所有生态资源。湿地拥有辽阔的面积,作为城郊保存完好的湿地,其面积之大,在全国范围内也较罕见。蜿蜒曲折的连江溪作为岛内的主河道,拥有无数的沙洲、沙滩,地貌主要以沼泽和草原为主。嫩江环绕江心岛,一年四季随着降雨量变化,时而呈现出涓涓细流,时而河水暴涨,使湿地变成"江中孤岛",自

图 4 - 30　江心岛湿地公园生态环境

然景观奇特。江心岛也拥有多种野生动植物,其中维管束植物约有 61 科,达到 454 种,占全省植物种类的 26.63% 。湿地内脊椎动物多达 333 种,其中国家一级保护动物 2 种、二级保护动物 35 种。

(三)园区主题与发展定位

2019 年 12 月 25 日,国家林业和草原局发布《国家林业和草原局关于2019 年试点国家湿地公园验收情况的通知》,齐齐哈尔江心岛国家湿地公园(试点)通过国家林业和草原局试点验收,正式成为国家湿地公园。

江心岛国家湿地公园在建设之初,其目的主要是护林防火,并对当地的生态环境进行有效保护,长期以来并未对外开放。之后在齐齐哈尔市政府、梅里斯区政府和旅游部门的推动下,2014 年,整个岛屿免费向市民开放(图4 - 31)。

图 4 –31　江心岛园区滨水景观环境

二、扎龙国家湿地公园

（一）园区建设背景

1976 年 6 月,在黑龙江省营林局组织的全省珍贵稀有动物资源调查的基础上,根据中国科学院动物研究所鸟类专家的建议,齐齐哈尔市林业局根据省局的要求,开始着手建立扎龙自然保护区。1979 年,扎龙自然保护区以及管理局成立。1987 年 4 月,升级为国家级自然保护区（图 4 – 32 至图 4 – 34）。1992 年,扎龙自然保护区被列入国际重要湿地名录。

（二）园区基础条件

扎龙国家级自然保护区处于乌裕尔河流域,松嫩平原之上,横跨齐齐哈尔和大庆两市,总面积达 21 万公顷,东西跨度 58.0 千米,南北跨度 80.6 千米,如

图 4 - 32　扎龙国家级自然保护区

图 4 - 33　扎龙国家级自然保护区全貌

图 4 - 34　扎龙国家级自然保护区生态环境

橄榄状。该保护区的主要职能就是保护丹顶鹤,在地形上属于湖沼苇草地带,湖泊和沼泽地面积较广。扎龙国家级自然保护区不但是全球最大的丹顶鹤保护区,也是鹤类水禽重要的栖息地。作为湿地类保护区,其湿地面积十分辽阔,居于亚洲第一、世界第四。湿地内栖息了 400 多只丹顶鹤,占全球数量的20%(图 4 - 35 和图 4 - 36)。

扎龙国家级自然保护区由一块大面积的季节性淡水沼泽地和多个小型浅水湖泊构成。湿地周边还有农田、人工鱼塘以及草地等景观,湿地内栖息有 6种鹤类,占全球鹤类品种的将近一半。保护区内河网密布,沼泽遍地,湿地生态环境得到了良好的保持。

(三)园区主题与发展定位

扎龙自然保护区中设立了"扎龙湖观鸟旅游区",这一区域长和宽分别为8 千米和 9 千米,面积达到了 1 550 公顷(图 4 - 37)。

图 4 - 35　扎龙国家级自然保护区自然景观

图 4 - 36　扎龙国家级自然保护区水域环境

图 4 – 37　扎龙国家级自然保护区观鸟旅游区

旅游景区的具体设施有如下几种:

(1)榆树岗。观鸟者可于此处观看和收听与鸟类有关的信息,或者与鹤类以及保护区有关的纪录片、电影,也能瞭望遥远的湿地景观,欣赏水禽的生活。这里还建有鹤类驯养繁殖场以及展览厅,能够满足人们多样化的观赏需求。

(2)龙泡子、大泡子、西沟子与扎龙养鱼池等区域。可以欣赏到水面以及近水草甸上游弋的各种水禽和涉禽,如鸥类、雁鸭类、秧鸡类。

(3)九间房、大场子等地方属于芦草沼泽景观,此处也可欣赏到鹭、鹳、鹤、鹬等鸟类,也包括一些猛禽。

此外,在土木克西岗分布着大量的农田,在此处可以观赏居民区鸟类;想要欣赏林栖鸟类,可以去扎龙苗圃、林场或外转的草甸,那里分布着诸多草原旷野鸟类,如蓑羽鹤、大鸨。

第五章　湿地公园生态优势与旅游文化产业发展关联

本书围绕生态优势、城市湿地公园和文化旅游相关产业发展进行研究,主要结合哈尔滨、大庆、齐齐哈尔这三个城市湿地公园的设计特点和文化旅游的发展方向,展开基于生态优势的文化旅游相关产业可持续关联发展的理论探讨。

其一,以城市湿地公园为主要研究对象,包括对湿地公园内涵的讨论及国内外湿地公园研究与建设现状。湿地公园介于自然保护区和城市公园二者之间,是湿地与公园的复合体。研究侧重于黑龙江省城市湿地公园的特质,突出其物种及栖息地保护、生态旅游和生态教育功能的湿地景观区域。同时,研究侧重于突显在城市湿地公园利用中保护的城市生态环境和文化产业综合体系的发展空间和文旅产业发展空间。

其二,针对黑龙江省生态旅游的相关研究讨论,包括对生态旅游的基本概念、生态旅游系统的组成、生态旅游理论基础的阐述,并在此基础上总结提炼出湿地公园生态旅游基本内涵、特征和原则。从生态的角度来看旅游,对游客而言,旅游的异地性决定了旅游是对当地生态环境的一种干扰,这种干扰会产生正面影响和负面影响两种作用。从时间要素上看,对于游客个体而言,这种对当地的干扰是暂时性的;但从游客群体上来说,这种干扰是不断的、长期的。有些旅游的季节性很强,因此这些旅游的干扰也有很强的季节性特征。

其三,总结生态旅游的湿地公园规划的主要理论,即生态保护相关理论、游憩规划理论、社区理论。基于生态保护相关理论建立湿地自然环境保护的核心价值观,有效维持和保护旅游资源;基于游憩规划理论建设了合理化的旅游人文景观环境,打造良好的人居环境;社区理论模型则以获得认知存在感为核心,以文化旅游产业为主要推动力,为生态旅游景区的可持续发展提供健全的认知策略。

其四,探讨生态旅游的湿地公园规划体系,其基本内容包括四个层面:分析与评价层面、目标与发展战略层面、支持系统规划层面以及保障实施层面,并通过黑龙江省城市湿地公园的主要案例对这一规划体系进行阐述。

第一节　旅游景区影响因素分析

从大系统观出发,通过广泛搜集黑龙江省城市湿地的各种资料,深入湿地调查访问以及应用现代科技手段,纵向追溯黑龙江省的自然文化历史,横向对比国内外相关地域的生态景观发展,在综合运用生态学、文化学、历史学、经济学等学科理论与方法的基础上,探求以黑龙江省城市湿地公园为代表的从生态景观向文化景观变迁的内在机制,针对发展中存在的问题,试图提出保护利用的途径与方法。

其一,湿地公园旅游景区的空间格局受到城市规划用地、周边居住人群、经济建设发展、交通环境建等驱动因素的影响。旅游文化产业的发展对旅游业动能释放起着关键作用,相应地,湿地公园旅游环境的合理化有利于带动区域商业和文化的繁荣。突出城市湿地生态景观和文化景观的重要性,使生态景观成为地域环境的标签,文化景观成为描述历史人地关系的现实材料,同时也是未来发展的基石,树立起"生态—文化"景观发展的新思维、新观念。

其二,从生态环境演变过程和历史发展过程的角度探求黑龙江省城市湿地景观发展与变迁的内在机制,强调内在必然因素与外来偶发因子的相互驱动机制。

其三,以黑龙江省城市湿地为具体研究对象,探索湿地生态发展的历史轨迹及其发展趋势,考察地理、文化与环境的相互作用关系,人类活动对自然环境、文化演变、自然演替以及人类本身的影响;并结合历史城市文化产业发展的轨迹,探求生态旅游景区与旅游文化产业发展的关联机制。

其四,生态景观和文化景观的研究为区域合理化开发和可持续发展提供了可资参考的理论。旅游景观的影响因素在区域生态发展中发挥直观重要的影响作用,它不仅扩展了生态湿地的价值认知范畴,而且提升了人们保护生态,珍惜生态环境,最终合理化利用生态发展相关旅游文化产业的新思路。

其五,重点探讨生态景观与文化产业相结合的发展经验与困境,为黑龙江省城市湿地公园可持续发展提供依据。基于此,根据黑龙江省湿地公园的设计案例,结合景观设计公司设计实践的真实效果,分析生态环境与旅游文化产业发展的动态关联。

第二节　城市湿地公园生态环境分类评价

我国传统的景观评价主要为园林和风景名胜两个对象。评价方法主要为主观评价,采用文字评述和图片表达两种方式,没有坚实的理论作为指导,也没有具体的量化方式。而现代景观理论则主要分为两部分:一是环境价值评价,二是对景观价值的评价。国外在这个领域的研究已取得了较大的成就,并出现了四大学派(图5-1)。由于这四大学派持不同的理论,研究方向和方法也各异。

本书结合黑龙江省各个城市的发展现状,分类评价了各个城市湿地公园的生态景观。当前,湿地的生态系统逐渐消失,从生态优势和发展角度看,如何合理设计该城市湿地,以满足城市所需的多种生态系统,有效解决大型景观所涉及的经济问题,成为本书研究的侧重点。通过对哈尔滨、大庆、齐齐哈尔城市湿地公园案例的研究,解决办法倾向于改造湿地,使之成为多功能的生态雨水公园,将雨水收集、过滤、存储,支持城市的生产和居民生活所需,为城市提供新的娱乐设施和休闲体验,是一种取之自然的生态之道。

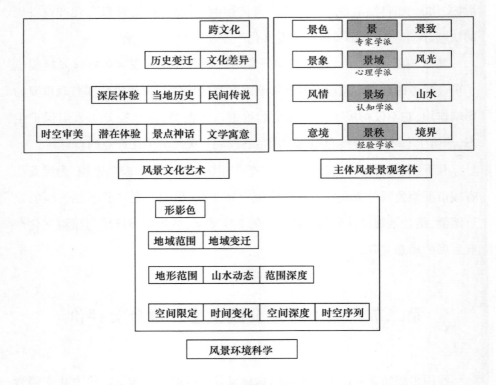

图5-1 景观价值评价理论框架

一、城市湿地景观综合评价

哈尔滨现有湿地12.5万公顷。其中,有12块万亩以上的平原湿地,总面积约为6万公顷,多处于松花江流域;其余的6.5万公顷湿地属于山间湿地,零星分布于各个县市的山间河谷区域。当前,哈尔滨市境内建成了太阳岛、白鱼泡两个国家级湿地,湿地内生态环境也得到了一定程度的恢复,整个城市的生态有了显著的改善。研究选择了哈尔滨群力湿地公园作为重点研究对象,该湿地将人工湿地和原生态湿地相结合,景观风貌也较为相似,在原生湿地与城市之间构建了一个缓冲区,以隔绝来自城市的干扰,从而在一定程度上发挥保护作用。人工湿地作为一种人造景观,直接与城市相连接,发挥了科教游览、休闲娱乐等诸多服务功能,使景观、城市功能完美融合(图5-2和图5-3)。

图5-2 湿地公园观景平台

图5-3 湿地公园木栈道区域

由直观调查可知,群力湿地内主要的植物为芦苇,也生长着为数不多的木本植物,如沼柳。湿地南北两侧地势略高,能看到小片的草地,而其他各地由于地势低洼,皆为沼泽,场地内车南侧分布有小片林地。

研究通过 ArcGIS 地理信息系统进行查询发现,整个湿地内部十分平坦,陡坎有 2 米的最大落差,内部最大落差仅 1 米,东、西侧皆为水面,地势较低。由可视度分析可知,沿场地边缘一周和内部东北至西南向小路的可视度最高。湿地内部十分平坦,坡度不足 8°,陡坎与苇地接壤处有较大的坡度在 14°~43°,处于外缘地带。通过分析坡向图发现,湿地内除了平地外,东南、西南处存在较多的坡坎,北面和东北面坡坎较少,西北坡则是最少的。在分析径流后可知,湿地内径流多为从东流向西,在西面的低洼地带排出。

随着湿地生态环境的变化,早期以水生演替为主,那时的植物多为水生植物,如芦苇,后来才延伸至陆生群落(图 5-4)。根据现场观测,群力湿地植物中除芦苇为优势物种外,已出现沼柳等木本植物入侵现象。而在当前阶段,植物群落的演替正处于过渡期,从湿生草本朝着木本植物转变。

生态旅游资源内涵较丰富,包括地理特征、地貌、水景,以及各类动植物资源。在保护的基础上,能产生可持续性的综合收益,包括社会、经济、环境等层面的效益。

群力湿地公园内,芦苇是最主要的植物,也能看到沼柳这类木本植物,较少有伴生物种,在东南侧有少量以柽柳为主的乔木。植物群落在结构上呈现出高度的单一性,主体是芦苇这种禾本植物,具有稳定的结构。场地内动物种类也较单一,以两栖类为主,多为蟾蜍和鸭类等。

场地内现状生境分五大类型:水生、水生苇地交错带、苇地、苇地陆生交错带,以及陆生生境。按照以上五类生境的生态敏感性高低(以高程、生物多样性、地表覆盖物为影响因子),将这些生境的重要程度和影响程度分为三个级别:

AAA——水生生境。

AAA——水生苇地交错带生境。

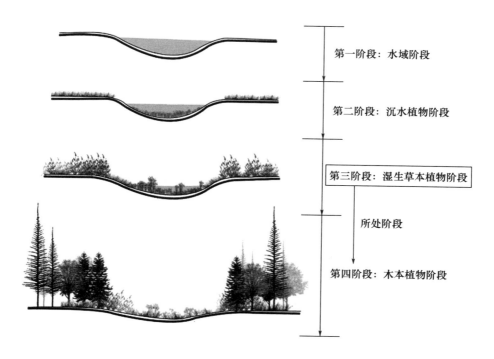

第一阶段：水域阶段

第二阶段：沉水植物阶段

第三阶段：湿生草本植物阶段

所处阶段

第四阶段：木本植物阶段

图 5 - 4　水生演替过程及场地所处演替阶段示意图

AA——苇地生境。

AA——苇地陆生交错带生境。

A——陆生生境。

在对生态系统内部的能量流动情况进行全面分析后,对于物质内能量的流动情况会有更清楚的了解。通过能流分析图,可直观地看到信息流、物质流等重要的生态系统功能的运作过程,对于生态系统结构的剖析和设计有指导意义。在生态系统的能流分析与研究中,一般采用 H. T. Odum 的能流线路语言进行能流的预算和能流图示的描绘(表 5 - 1)。

表 5 – 1 国家生态旅游生物旅游资源评分细则表——黑龙江省湿地公园评分

生物旅游资源		工作要求与评定标准	类型	分值
生物多样性	植被	类型多、分布广、面积大、郁闭度高,建群种与优势种强,生长情况好,生物量大	▽	10
	植物资源	种类多、生长量大	▽	5
	动物	种类多、分布密、种群量大,生殖与栖息地环境良好,食性与习性稳定	▽	10
	动物资源	类型多、分布广	▽	5
	物种保护	保护尽可能多的物种和生境类型,生态系统增强再生与恢复能力	△	10
	珍稀物种或濒危物种	有珍稀物种或濒危物种,有专项保护措施(范围、科研、管理、人员)	▽	5
	全面保护	保护所有物种并使之平衡,有生态监测和动植物援助专人及措施	△	10
	生态过程	不削弱非生物因子对生态系统的支持能力	△	10
	生态系统本土性	恢复和增殖原有物种,禁止外来物种引进和入侵,以避免造成生态环境的系统性紊乱	×	-20
资源丰富性	规模与丰度	资源实体体量巨大,或基本类型数量多,或资源实体疏密度优良,景观异常奇特,或有国家级资源实体	▽	20
	完整性	资源实体完整,保持天然的形态与结构	△	10
价值独特性	美学价值	价值很高,现场效果好	△	10
	科学价值	科学价值高,具有国家级意义	▽	10
	历史文化价值	历史悠久或文化价值高,具有国家级意义	▽	10
	游憩价值	人为干扰少,自然区域多	△	10
	独特价值	资源具有典型性、代表性、稀缺性	▽	20

注:▽——可保留不宜新置;△——可适当增加设置;×——尚未完善设置。

二、生态景区的评价与评估

生态旅游资源指的是一些具有较好观赏价值的自然和人为资源,能够吸引游客前来游玩。生态旅游资源一般以生态保护为前提,进行旅游开发,实现良好的经济和社会效益。从生态学角度而言,凡是对于游客有吸引作用,并能发挥教育意义,具备可持续发展能力的旅游资源皆可视为生态旅游资源。由此可见,生态旅游资源内涵很广,不但有天然的山川河流、湖海、动物和植物等自然景观,也包括人类活动所创造的以及历史上遗留的、具备观赏价值的建筑物、古迹、文化作品等。也就是说,生态旅游资源主要由自然环境与文化遗产构成。保护旅游资源便是对这两种资源进行充分保护,这样就达到了保护旅游目的地的生态环境和历史文化的效果。

在评价生态景区时,要从定性与定量两个方面来加以评价。定性评价主要是从三个方面来评价的,即价值评价、效益评价及开发条件评价。价值评价主要是对旅游资源的实际价值所做的评估,这种价值涉及文化层面、观赏性,以及科教价值。效益评价主要是针对旅游资源所具备的效益做出的评价,分为对经济、社会、环境三种效益的评价。针对旅游资源的开发条件的评价,包括对它所在的区位、客源,以及客源市场、自然环境、经济环境、政治环境及社会文化等多种要素的评价。

(1)历史文化价值评价。它主要指的是当地的历史文化遗产所具备的价值,主要包括相关的历史事件,以及文化所遗留的各类文物和遗迹。通过对历史文化价值的评价,能从中判断出这一地区的文化旅游资源所具备的价值。

(2)艺术观赏价值评价。它指的是生态旅游资源能为观赏者带来的美感和视觉享受。它是自然和人文景观结合的产物,不但可以彰显自然美,也具备人文美。

(3)科学考察价值评价。它体现为具有绝佳的气候环境,优越的地理位置。

最终采用层次分析法评价生态景区区划的认定结果。第一步:选择这一地区旅游资源的价值、景点规模以及旅游条件作为定量评价的 1 级层次,判断这三个维度在总分中的占比。从而得出,在总分中资源价值占比高达 72% ,景点规模次之占 16% ,旅游条件占 12% 。第二步:根据收集的资料对各综合层次中的评价项目所含评价因子进行打分,得到各评价项目层得分。各综合层中所含评价项目层得分之和为该综合层得分,各层得分再相加得到该区综合评价得分。

根据《旅游景区质量等级的划分与评定》所规定的评定标准,以服务与环境质量、景观质量、游客意见这三项评分细则对星级景区进行评定(表 5 -2)。

表 5 - 2　各等级景区评分细则表

	细则一	细则二	细则三
5A	950 分	90 分	90 分
4A	850 分	85 分	85 分
3A	750 分	75 分	75 分
2A	60 分	60 分	60 分
1A	500 分	50 分	50 分

细则一:服务与环境质量评分细则。

本细则总分为 1 000 分,由 8 个大项组成,每个大项的分值如下:旅游交通 140 分;游览 210 分;旅游安全 80 分;卫生 140 分;邮电服务 30 分;旅游购物 50 分;综合管理 195 分;资源和环境的保护 155 分。5A 和 4A 级旅游景区总分应分别达到 950 分和 850 分。

细则二:景观质量评分细则。

这一细则分为两个评价项目,即资源要素价值和景观市场价值,采用 9 项评价因子,总分 100 分。其中,资源吸引力占 65 分,市场吸引力占 35 分。评价共分为 4 档。5A 和 4A 级旅游景区得分应分别达到 90 分和 85 分。

细则三:游客意见评分细则。

(1)旅游景区质量等级评分,游客是评分主体,主要考察对景区质量满意与否。

(2)游客综合满意度考察,以《旅游景区游客意见调查表》(以下简称《调查表》)为标准。

(3)《调查表》主要是在景区工作人员的陪同下,由评定检查员现场发放给游客,再回收,最终统计调查结果。

(4)在质量等级的评定中,发放《调查表》时,也要考虑景区的实际规模、范围以及申报的级数,确定问卷的发放数量,通常选择发放 30 ~ 50 份,发放后及时回收,最后进行统计。回收率不应低于 80%。

(5)《调查表》发放应采取随机发放方式。原则上,所发放的旅游团体应达到 3 个以上,也要考虑游客性别、工作、年龄范围、消费能力等因素,尽量维持这些因素的平衡。

(6)游客综合满意度的计分方法:总分要达到 100 分。

计分标准:①总体印象满分为 20 分。其中,应根据很满意、满意、一般、不满意四个档次,分别打 20 分、15 分、10 分和 0 分。②其他 16 项每项满分为 5 分,总计 80 分。其他项目中,也可以根据很满意、满意、一般、不满意四个档次,分别打 5 分、3 分、2 分和 0 分。游客意见调查得分最低要求如下:5A 级景区为 90 分,4A 级则为 80 分。

三、生态环保景区综合评价

城市湿地公园的主要作用是向人们提供生态服务,这也是它所具备的价值。生态服务主要是生态系统在发展过程中,为人们的生存和发展所提供的必要的物质和环境支持,包括向人们生活提供所需的基本物质、能源,以及各种类型的服务(包括水、空气等人类生存必需的物质,也用于对气候条件的调节),同时也能容纳人类活动所产生的各种垃圾和废物。

城市生态系统是由诸多的自然和人为元素所构成,如江河湖海等水源,以及草地、森林、湿地等。其中,湿地系统是一种独特的生态系统,其产生的生态效益远高于其他的生态元素,因此,被视为陆地生态系统中可利用的最佳生态形式。

湿地生态为人们提供的服务多不胜数,除了满足人们衣、食、住的需求外,也为医药、工业生产提供了几乎全部的原材料,以及人类生存不可或缺的水、空气等宝贵资源,使地球生命系统可以维持正常的循环,从而保持物种的多样性,同时对环境也有很强的净化效果,维持大气化学的平衡与稳定等。

第一,面对商业、住房用地,以及城市建设等原因,使原生湿地受到隔绝,与外界生态系统失去了联系、生态过程受阻,物质难以进行能量交换这一事实,若不能采用自然的或者人工措施加快对原生湿地的修复工作,湿地功能将受到更严重的破坏,面积日益萎缩,甚至消失,也无法发挥自循环作用。

第二,使人工建设的湿地与原生湿地有效融合,形成复合循环。在修复原生态湿地,以及对湿地公园的规划设计中,选择把人工湿地与天然湿地相结合的设计方案。选择用人工湿地来保护原生态湿地,怎样使二者能够充分融合,使这两种湿地生态系统实现相互渗透,加快湿地内各物种和植物群落的常规化,从而保持良好的复合式循环,也是湿地恢复以及公园规划设计中要重点考虑的问题。

第三,解决湿地内部原有物种不断减少和由于环境受到破坏导致的植物群落单一化问题。当前湿地内生物种类过于单一,多样性不足,加上湿地缺乏充分的补水,使得水生草本植物正在加快朝木本阶段演替,内部生态环境遭到人类活动的破坏,并且严重退化。怎样有效修复已受到破坏的生态环境,设计更为科学、具备可持续发展的群落结构,加强补水增湿工作,向湿地内投放更多的动植物资源,使生物物种朝着多样化发展,科学地引导群落的自循环,使其向着有利的方向演替,皆是湿地生态恢复工作中的重要内容。

根据上述标准,评估黑龙江省城市湿地公园的生态环境质量(表5-3)。

表 5-3 国家生态旅游生态环境质量评分细则表

生态环境质量		工作要求与评定标准	类型	分值
水资源	降水	以植被涵养为主,加强对降水的蓄积与利用	△	10
	地下含水层	合理利用,达到水源涵养量高于使用量	△	10
	暗河	有条件的适度开展探险、暗河漂流等活动	▽	5
	泉水	使用量应低于涌出量	▽	10
	温泉	适度开展温泉浴等康疗活动	▽	5
土地	建设用地	严格控制建设用地,实际建设用地不能超出用地规划指标	△	10
	道路用地	以方便、实用为原则,努力减少道路用地,不建或少建盘山公路或贯通区域的交通干线	▽	10
	土地整治	消除土地沙化、退化、盐渍化现象	▽	5
系统整合	类型丰富	山、水、林、洞、石、泉等类型丰富,有助于景观丰富性	△	8
	互补性强	各种类型相互补充,有助于生物多样性	×	5
	自然状态	植被乔、灌、草相结合,人工痕迹不突出	△	6
	动物显性	1 千米步行,路边 500 米可见大型哺乳动物或其活动痕迹,水中可见较大鱼类,或水边可见爬行动物,空中、林中可见类型较丰富或成规模的鸟类	△	7
自然资源的保护与利用	不可再生资源	严格保护,禁止利用	▽	8
	可再生资源	在有利于生态环境良性循环的基础上集约化开发利用	▽	6
	绿色产品	开发绿色无公害产品和土特产品	△	8
示范区外围	土特产品	形成生产基地或养殖基地,达到规模化生产	△	7
	工艺品、纪念品	利用可大量再生的自然资源,形成设计、生产、销售等产品链和产业链	▽	5
	其他产品	非采伐性的林产品及林间产品,竹产品、山野一年生采摘产品、非野生水产品等逐步产业化	△	7

续表 5 − 3

生态环境质量		工作要求与评定标准	类型	分值
资源及环境的保护	空气质量	以当地旅游旺季的情况为准,现场检查	△	9
	噪声质量	以当地旅游旺季的情况为准,现场检查	△	7
	地表水质量达国际规定	无明显的令人不快的沉淀物;无令人不快的碎片、浮渣、油类等漂浮物;无令人不快的颜色、气味或浑浊物;无对人类或动植物有毒、有害物;无破坏水生生态的生物	△	8
景观、生态、文物、古建筑保护	保护费用投入	全年用于地质地貌景观、文物、古建筑、生态系统、珍稀名贵动植物的保护费用相当于全年门票收入的比例	△	8
	保护措施	采取适合的保护措施,如防火、防盗、防捕杀、古建筑修缮、古树名木保护等	△	9
	保护效果	现场检查(很好,好,较好)	△	8
环境氛围	区内建筑选址不破坏景观	主体建筑选址对景观有破坏的,每个扣 5 分;非主体建筑选址对景观有破坏的,每个扣 3 分	△	9
	周边环境与景观的协调性	示范区与周边环境设有缓冲区,形成优美的轮廓线,出入口主体建筑和谐,对区域景观有衬托效果	▽	6

注:▽——可保留不宜新置;△——可适当增加设置;×——尚未完善设置。

本部分是针对研究对象——黑龙江省城市湿地公园,进行调研总结、分类评价的重要过程。通过这部分的调研总结了黑龙江省城市湿地公园的整体环境,包括生态环境、景观状态、景区周边环境质量、景区使用情况等。

在研究中,主要应用了现场问卷调查法,并对所获得的相关数据做了分类整理,再实施宏观分析。研究者收集了大量与湿地公园景观设计有关的资料,梳理了各类设计理念,并实地调查了各个典型的湿地公园,以及对景区游客和周边居民的问卷调查,得到有说服力的研究数据。问卷调查(附录一)分类调查结构汇总如图 5 −5 至图 5 −7 所示。

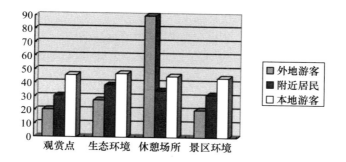

图 5 - 5　游客对景区整体环境评价问卷汇总

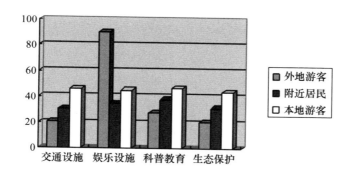

图 5 - 6　游客对景区公共服务系统评价问卷汇总

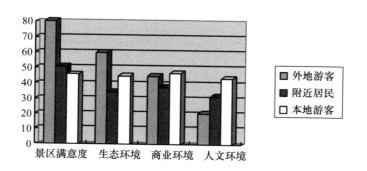

图 5 - 7　游客对景区周边环境评价问卷汇总

根据黑龙江省湿地公园的案例研究(图5-8),提出适宜黑龙江省湿地公园建设的对策。

首先,在具有自然湿地生境的公园中,湿地植物群落的构建应尽可能保留原有湿地植被,并且考虑审美需求配以人工设施以应对自然湿地环境无法提供休憩场所的不足,使游客可以近距离地接触湿地自然景观。

其次,选择人工配植的方式构建湿地景观,合理选择具有本地湿地植物特征的芦苇、香蒲、薹草物种,结合观赏性优质的芦苇、香蒲、睡莲、水葱等体现自然与人工结合,形成人工湿地植物景观。

最后,建构黑龙江省湿地景观的发展模式,提升生态湿地的价值,保护生态,利用生态发展旅游文化产业。

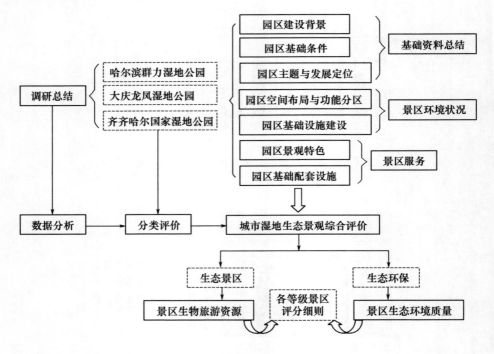

图5-8 准备阶段的研究结构示意图

第六章　基于生态优势的旅游文化产业发展的理论模式

在研究旅游和旅游文化时，不仅要看到文化的普遍性，而且要重视文化及文化传统的多样性、特殊性。一方面，这是因为我国是四大文明古国之一，有悠久的历史、丰富的文化遗存。另一方面，在世界四大文明系统中，我国所代表的东亚文明体现了独特的东方文化传统，我国的旅游文化正是在这样一个独特文化传统里表现出文化的多样性。正因为如此，我国旅游才具有如此强大的生命力和吸引力。

目前，我国旅游业已初步形成观光旅游和休闲度假旅游并重、旅游传统业态和新业态齐升的新格局，"以文促旅，以旅彰文"，不断深化文旅融合，丰富旅游产品供给。城市中的"生态旅游"不仅能够在旅游过程中欣赏美丽的景色，更强调一种行为和思维方式，是一种保护性的旅游方式。不破坏生态、认识生态、保护生态、达到永久的和谐，是一种层次性的渐进行为。生态旅游以旅游促进生态保护，以生态保护促进旅游，通过有目的地前往自然地区了解环境的文化和自然历史，促进当地从保护自然资源中得到经济收益。

第一节　生态环境下旅游文化产业发展驱动因素

文化旅游产业是文化产业与旅游产业的融合。从旅游产业的视角看，文化旅游产业是旅游这一综合性产业的重要组成部分，文化旅游资源是重要的旅游吸引物,体验和感受各种文化吸引物是文化旅游者的重要动机。从文化产业的角度看,文化旅游产业是通过旅游活动这一形式,来保护、传承区域及地方的传统、民族和现代创意文化,促进文化认同和文化交流,从而繁荣文化产业。

一个产业的发展需要各种要素条件的支撑,旅游产业也不例外。除了旅游资源,一定程度的经济发展水平、便捷的交通设施、健全的服务系统也是旅游产业发展不可或缺的重要因素。

与传统旅游产业相比,文化旅游产业是依靠创意人的智慧和现代高新技术,对一个国家或区域的文化旅游资源用新的思维方式认识、利用、转化、开发、经营和管理,进行文化内涵的深入挖掘和产业开发,从而创造经济效益和社会效益的产业。

目前,从全国范围看,文化产业进入了理性发展时期。与早期"朝阳产业""新兴产业""高增长行业"等大而化之的说法不同,近些年业界对文化产业特点的认识在不断深化,开始进入理性阶段。人们发现,并不是所有的文化行业都是高增长的;相反,不少文化行业恰恰是低增长,甚至是负增长,比如一些传统媒体。也并不是所有的文化行业都是高投入、高回报的,相反,有些文化行业恰恰是高投入,但回报周期长、风险大,比如文化旅游业。

在特定时间里,并不是每个城市都能把文化产业做成当地的支柱产业。一个地区、一座城市文化产业发展的状况取决于很多因素,如经济状况、资源、地域、市场等。当今文化产业发展的一个突出特点是,无论中国还是外国,经济发达地区和发达城市总是在引领文化产业发展。经济发达、交通便利、市场繁荣的地区发展文化产业明显具有先天优势。

立足于地域发展视角,黑龙江省文化产业发展的驱动因素主要有以下几个方面:

第一,地理位置对文化产业的发展起到直接驱动作用。这里所说的地理位置,除景区所在城市和区域之外,还有历史文化的环境背景。受到地理位置影响的文化产业最为直接的实例是实景演出。实景演出基本上是在长江以南成功的居多。长江以北,除了西安的《长恨歌》和承德的《康熙大典》,鲜有成功的案例。自然环境的差异是造成上述情况的主要原因。有些城市忽视地域差异,盲目引用其他城市文化产业成功做法,结果事与愿违。比如,不考虑当地的消费水平、客流状况,盲目引进主题公园,结果很快就陷入门庭冷落、难以为继的窘境。

第二,数字创意产业引领文化产业发展。当今社会,数字创意产业发展情况决定了一座城市在文化产业发展中的地位,是中心城市乃至省会城市的必争之地。谁在数字创意产业发展方面占据优势,谁就占据着文化产业的制高点。一方面,数字创意产业是文化产业各门类中增速最快的行业。另一方面,数字创意产业最能体现科技和文化的结合,是文化产业各门类中最具创新性、也是最有活力的行业。

第三,文化创意在旅游业中的作用在提升,自然和历史资源在旅游业中的作用在下降。自然和历史资源无疑是旅游业极为重要的资源,但静态的自然和历史资源创造的价值是有限的,文化创意创造的价值则是无限的。可以看到,文化旅游产业的新业态、增值服务基本上得益于文化创意的力量。因此,文化和旅游融合发展的关键要素是文化创意。现在人们经常讲文化是灵魂、旅游是载体,这里的文化不仅是指静态的人文资源,更是指动态的文化创意,文化创意是旅游业发展的不竭动力。

第四,资本驱动的效应越来越明显。一方面,头部企业在城市文化产业发展中发挥着至关重要的带动作用。腾讯、百度、阿里巴巴凭借其强大实力对所在城市文化产业产生深刻影响,也影响着城市文化产业格局。另一方面,一些城市借助于雄厚的资本在文化产业的一些领域发力,希望占得产业发展的先机,如特色文化小镇建设。尽管目前并不能断定这种大资本投入就一定能带来预期的回报,但毋庸置疑的是,资本对文化产业的驱动作用越来越明显。

第五,城市抱团意识增强。珠三角地区、长三角地区、京津冀地区等区域协调发展受到前所未有的重视。经济发展如此,文化产业发展也是这样。近期,东北地区的四个省份黑龙江省、吉林省、辽宁省、内蒙古自治区也联合建设文化及旅游行业信用体系,创新市场监管方式合作。这是省份之间抱团意识增强的表现。

第六,软环境是核心竞争力。软环境作为文化产业发展的核心要素之一,对城市文化产业发展的作用和影响越来越重要。软环境包括城市宜居度、市场环境、政府管理水平、政策环境等。

第二节　城市湿地公园生态系统的服务价值评估

进入 21 世纪,我国旅游产业有了较快的发展,对国内外的游客具有特别的吸引力,带动了第三产业的发展,进而促进了经济的可持续增长。特别是城市旅游环境与自然生态环境的良好结合,既打破了城市旅游的单一化消费模式,也开辟了城市传统文化的传承与发展。

随着深入研究,人们逐渐认识到,只有理解旅游和文化的关系,才能正确揭示旅游的本质和旅游文化的内涵——综合性的社会文化活动。从旅游的本质来看,旅游者经历的是"文化审美"和"文化比较"的实践过程,旅游也具备文化范畴的属性。

一、综合平衡各利益主体的关系

利益相关者理论是一种企业管理理论,现在越来越多地运用到其他专业领域。利益相关者是指那些能影响企业目标的实现或被企业目标的实现所影响的个体或群体。在黑龙江省城市湿地公园生态环境保护与利用中,利益相关者主要涉及以下个体或群体(表 6 - 1):联合国教科文组织、国家文物局、黑龙江省政府、湿地管理局等各行政部门、本地居民、旅游企业、旅游者、从业人员、民间团体等。

表6-1　黑龙江省城市湿地公园景区利益主体及其关注的问题

层次	主要利益主体	所关注的问题
国际层面	联合国教科文组织	世界遗产的保护
国家层面	住建部、文物局、文化和旅游部	国家遗产的保护与管理
地方层面	黑龙江省人民政府	省旅游经济和文化景观遗产的保护 区域经济和文化景观遗产的保护 依托景区发展本地经济,保护和利用湿地景观
城市湿地公园景区	湿地公园管理局	全面管理和保护湿地生态环境
	相关行业、部门在湿地公园内的派出机构、休疗养和接待场所	休疗养和旅游接待
开发商	外来开发商	利益最大化,最大的投资回报
	本地开发商	利润最大化,回报当地社区
当地居民	受旅游业影响的本地居民	增加旅游接待设施,提高和改善居民生活
	不受旅游业影响的本地居民	资源开采加工,提高和改善居民生活
	民间团体等	感受家乡风光,保护文化景观遗产
外来者	旅游者	欣赏黑龙江省自然风光,品味湿地文化景观

　　政府部门对环境保护问题的影响较大,各级政府通过立法和行政管理等形式保护湿地自然生态环境。问卷调查显示,高达33.46%的人群认为政府在历史遗迹的保护开发中作用最大;其次才是社会团体,占18.90%;当地居民和游客的作用相差不大,分别为15.60%和15.88%;最后是开发商和专家。此外,在问卷调查中,53.69%的人认为"政府主导,企业经营"最有利于历史遗迹的保护。但也存在着追求短期利益的开发商和经营者,以文化景观遗产的破坏为代价换取利益,因此必须有激励和监督措施。在当地居民中,有直接经济

利益相关的居民与遗产的保护之间有两种关系:若文化景观遗产给当地居民带来经济利益时,保护工作将得到当地居民极大的支持和帮助;有冲突时则会造成负面影响。旅游者期望看到完整而真实的文化景观遗产,因此大部分旅游者都会积极地保护遗产,但也存在着素质不高、以自己一时之乐对文化景观遗产造成破坏的人。综合以上经验和案例分析,黑龙江省城市湿地景区的保护应该在政府主导、其他利益相关者的共同参与下,前瞻性、战略性地开展保护。

二、优化发展文化旅游供需关系

旅游供给与需求的矛盾是旅游经济运行过程的基本推力,如能正确把握和处理二者的关系,不仅有利于开拓旅游景区的市场空间,更有利于保护旅游景区。根据前面准备阶段关于生态现状的分析,黑龙江省城市湿地公园景区的供需关系在时空上存在不平衡,故而也应进行相应的调整。

一方面,借助历史街区的旅游开发,拓展历史城市旅游的供需关系。黑龙江省城市湿地的旅游业虽然不代表整个黑龙江省的旅游业发展,但随着时代的发展,城市湿地公园的旅游供给也相应地表现其优势地位。例如,哈尔滨的中华传统文化与历史街区旅游开发的实例——老道外·中华巴洛克历史文化街区,作为哈尔滨历史文化名城的重要组成部分,这里历史悠久,文化积淀丰富,既有国内面积最大、保存最完整、中西合璧风格的中华巴洛克建筑群落和历史悠久的胡同、大院等宝贵的不可再生的物质文化资源,也蕴含着富有浓郁传统气息的商业文化、餐饮文化和民族文化等非物质文化资源。其以"传统历史文化、打造时尚文化"为主题,总体定位为哈尔滨城市中央休闲区、特色文化主题区;形象定位为"老哈尔滨城市缩影,新哈尔滨城市客厅";功能定位为打造集文化、旅游、餐饮、购物、体验、住宿、休闲娱乐、城市公共服务多功能于一体的文化旅游商业区。"文化旅游特色街区"构建传统餐饮文化服务区、星熠相声社、文化精品酒店、青年旅社、特色会所以及"老道外商贾文化体验馆"

"老道外民间民俗艺术展示中心""老道外影视制作片场""老道外搭戏台""仁和永遗迹"等十个文化主题项目,突出特色旅游。目前,老道外·中华巴洛克历史文化街区吸引着许多市民和外地游客前来观光游览,成为哈尔滨民俗风情游的一个新亮点,并成为历史题材、历史背景的影视剧外景拍摄和广大摄影爱好者采风之地。鉴于此,哈尔滨城市湿地公园的发展应引入城市历史文化,综合平衡城市历史环境的供需关系。引入"文化旅游特色街区"的概念,拓展其围绕城市湿地公园的生态优势发展特色文化产业,以文化消费促进文化产业发展。

另一方面,发展城市文化遗产的旅游供需关系。例如,哈尔滨红博·西城红场打造工业文化遗产与时尚设计。其原址为哈尔滨机联机械厂。原工厂遗址留存四幢包豪斯风格的老厂房,代表着哈尔滨在中华人民共和国成立后工业发展的历史,不仅是哈尔滨城市工业文化的传承,也是重要的城市记忆;同时,红博·西城红场的时尚创意商业综合体也带来了其他项目无法复制的核心优势。城市转型升级必然面临老工业遗址改造的问题,借鉴国内外工业遗址改造的成功经验,把工业遗址与城市升级改造完美结合,形成风格各异的文化创意产业基地,红博·西城红场成为工业遗址改造的一个典范。在保留珍贵的城市历史痕迹基础上,引入新的时尚创意文化产业园区,以产业为核心,以人才为保障,以研发为支撑,以艺术为引领,以商业为平台,以旅游为传播,形成一个集"产学研艺商旅"为一体的商业品牌孵化平台,通过两个"211",即硬件211——"两港一网一中心",以红场艺术港、DJ生活港为支撑,以"互联网+"为依托,以红塔时尚中心为牵动;软件211——"两展一会一体系",通过哈尔滨国际时尚周、艺术展打造潮流中心,通过黑龙江省服装协会形成资源联动,通过大数据中心、设计中心、培训中心、第三方服务中心、营销中心构建一个强大的保障体系,打造我国时尚品牌的策源地。

借鉴以上成功案例,分析哈尔滨城市旅游文化产业发展的成功经验,将其优势引入形成联动型的城市文化旅游资源共享,从而带动生态景区未来的旅游发展。

三、借助环境优势发展文化产业

在旅游项目设计和旅游产品开发方面,旅游文化创意的作用同样十分重要。旅游是建立在旅游资源基础上的社会文化活动;旅游业是以旅游资源为对象的经济文化产业。自然与文化遗产是社会公共资源,也是旅游赖以发展的特殊、珍贵资源。世界遗产、国家遗产和风景名胜区体现着自然存在的价值,以及审美、文化、科学价值。旅游的价值正是在这些基础上产生。旅游价值是旅游活动的效应。对于旅游价值的研究,是基础旅游学和价值哲学的共同任务,对于旅游学科体系的完善和旅游业的发展都具有十分重要的意义。

黑龙江省城市湿地公园景区的供需关系在时空上是极不平衡的,故而也应进行相应的调整。从文化产业结构看,传统行业规模较大,新兴行业增速较快。以哈尔滨市为例,2018 年,在文化产业的十大行业中,从总量规模上看,行业增加值居前三位的分别是文化用品的生产、文化休闲娱乐服务、文化创意和设计服务(表 6 - 2)。从增长速度上看,增速最快的三个行业分别是文化创意和设计服务业、广电影视服务和文化艺术服务,同比分别增长 65.8%、39.6% 和 15.9%,高于全市文化产业增加值平均速度的还有文化信息传输服务,同比增长 13.8%;文化休闲娱乐服务同比增长 9.3%,与全市文化产业增加值平均增速同步。从统计数据看,文化创意和设计服务的爆发式发展,充分说明哈尔滨市文化创意和设计服务发展环境得到改善,市场活跃度明显上升。

表 6 - 2　2018 年哈尔滨市文化产业分行业增加值情况

行业分类	文化产业增加值 /万元	增速	占全市文化产业 增加值比例
总计	3 636 941	9.30%	100%
新闻出版发行服务	98 912	- 2.20%	2.50%
广电影视服务	53 424	39.60%	1.30%

续表 6 – 2

行业分类	文化产业增加值/万元	增速	占全市文化产业增加值比例
文化艺术服务	203 784	15.90%	5.20%
文化信息传输服务	340 082	13.80%	8.60%
文化创意和设计服务	395 725	65.80%	12.50%
文化休闲娱乐服务	716 282	9.30%	36.00%
建筑和工艺美术品的生产	494 076	−0.90%	12.50%
文化产品生产的辅助生产	188 058	4.80%	4.80%
文化用品的生产	1 441 307	2.10%	18.20%
文化专用设备的生产	5 293	−4.40%	0.10%

作为黑龙江省旅游城市的代表,哈尔滨市的民族民俗文化、社会行为和社会活动影响力逐步增强。

(1)民族民俗文化。哈尔滨市共有包括朝鲜族、满族、蒙古族、锡伯族、达斡尔族、鄂温克族和鄂伦春族在内的 45 个少数民族。各民族有自己传统的民俗喜好,是哈尔滨地域文化的重要组成部分。同时,以桦树皮文化、兽皮文化和鱼皮文化为主的"三皮"文化是哈尔滨民间民俗文化的代表。

(2)节庆文化。哈尔滨市的社会活动丰富多彩,具有多个独具品牌特色的节庆活动,有的已具备世界影响。一年一度的"冰雪节"已成为世界四大冰雪节之一。"哈尔滨对俄经济贸易洽谈会"已成为中国和俄罗斯两国的交流平台并于 2014 年正式更名为"中国—俄罗斯博览会"。"哈尔滨之夏音乐会"是国内首创的城市群众性文化活动,成为国内外颇具影响的音乐盛会。哈尔滨还成功举办过"世界大学生运动会""亚洲冬季运动会""世界级城市论坛"等国际活动。

(3)对外交往文化。哈尔滨市对外交往十分活跃,先后与日本的新潟、丹麦的奥胡斯、加拿大埃德蒙顿、俄罗斯的斯维尔德洛夫斯克等 31 个外国城市建立了友好城市关系,展示城市开放形象。

在哈尔滨这样有着深厚历史文化底蕴的城市,游客对于湿地公园景区结合城市历史文化的部分兴趣点很大。在哈尔滨不同景区抽样的 100 份问卷中,对历史文化展示、节庆活动表演、民族民俗文化等相关文化关注度有 80% 的游客勾选了"感兴趣"(图 6 - 1)。在文化活动的类型方面,哈尔滨本地居民年龄段在 18 ~ 38 岁的,更多倾向于数字类娱乐活动。在景区人群密集度上,哈尔滨本地居民更集中于剧场类场所之中。

没有参与,就难以形成真正的体验。游客不仅是体验的主体,也是体验的成分。参与性体现在两方面:项目本身需要游客参与;游客参与项目的设计与组合。景区是剧场,游客则既是观众又是演员。

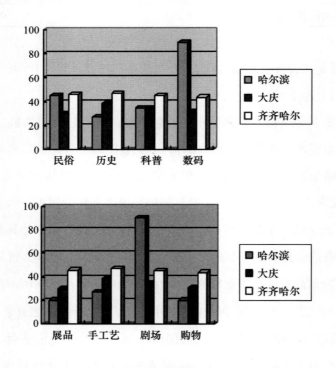

图 6 - 1 游客景区兴趣倾向问卷分析图

第三节　评价体系下湿地公园生态景区服务模式

对于黑龙江省城市湿地公园来说,最为重要的是其生态环境特色的保持,这是景区作为核心竞争力的关键所在。哈尔滨湿地生态资源丰富,现有湿地面积12.5万公顷,包括太阳岛湿地、金河湾湿地、滨江湿地、呼兰河口湿地、伏尔加庄园、白鱼泡湿地等多处自然湿地景观,形成了哈尔滨湿地文化。哈尔滨城市中松花江穿城而过,不仅为城市创造了良好的生态环境,并且经过多年的建设,为城市留下优美的亲水空间,为城市居民和外地游客休闲观光提供良好的环境。除此之外,还有冰城夏都的特色。哈尔滨冬季是冰雪乐园,利用自然环境条件创造了独具寒地特色的冰雪景观,构筑冰雪文化,给哈尔滨增添了特殊的魅力。

从理论层面来说,城市文化产业发展评价体系的测度变量由两部分指标构成:调研指标(通过调查获得数据)和定量指标(通过统计年鉴获得数据)。这也是研究的主要参考点,以此来评价景区服务模式和服务状态。通过调研了解黑龙江省城市湿地公园的生态发展,构建科学的城市文化产业发展评价体系,并结合黑龙江省当地文化产业发展,形成既突出生态优势,又具备自身特色的旅游文化产业。

基于黑龙江省城市湿地公园旅游景区项目配置的基本原则,即差异性原则、参与性原则与挑战性原则,评价和审视景区的服务状态。例如,哈尔滨太阳岛从八个方面塑造游客的欢乐体验,即良好的生态环境、独特的生态动物园、神秘的女娲文化、旅游与体育的巧妙结合、众多的参与性项目、悦目的资源整合、不同的消费档次满足不同层面的消费者需求、高质量管理与温情服务。以此为例,城市湿地公园旅游景区的差异性表现为唯一、第一与多样。要体现新鲜感,首先,景区产品要有特色,具有独特性;其次,景区产品具有第一的特征;最后,要给游客多种选择。旅游景区的文化特色要求景区要有主题,要让游客对景区有地方感,提供游客某种独特的旅游体验。

　　城市公园旅游景区项目的设计还要考虑对游客有一定的挑战性,提供游客突破自己、证明自身价值的旅游项目,这些项目可以为游客培养自豪感。当游客爬上一座高峰、跳一次蹦极、飞跃某一峡谷或征服某种艰难险阻,成功完成了别人无法完成或自己以前无法完成的事时,自豪感就产生了。景区配置项目也要掌握好项目的难度,要让游客有所选择。

第七章 城市湿地公园旅游文化产业的生态发展对策

第一节 建立湿地公园互助运营的发展模式

一、"建"——生态复合的循环服务

生态景区需要建立完整的生态服务体系以满足旅游与生态的和谐发展需求。城市湿地公园生态服务集中表现在以下四个方面:一是对湿地的保护,二是给游客提供休闲游览的场所,三是带动湿地与城市共同发展,四是给游客科普湿地知识。在良好的运营环境中,这四个方面相互依存、相互促进,但也存在着一定的矛盾与冲突,形成了所谓的利益相关者的格局。因为生态服务功能是维护生态湿地的基础,只有生态得到保护后续的发展才能跟进。在城市旅游发展进程中,将城市湿地开发成休闲场所,并带动城市发展是其后续功能。与此同时,在对湿地进行保护开发的过程,还可以与城市的发展相统一,带动城市经济。

目前,黑龙江省城市湿地公园现状生态服务功能不强,不足以维持自身的正常演替,生物多样性低,更无法为外界提供诸如防洪蓄洪、野生动物栖息地、动植物生产、休闲旅游、科普教育等生态服务功能。

针对以上问题,本书应用恢复生态学(Restoration Ecology)拟定了相应的保护与恢复策略。恢复生态学是研究湿地退化的原因以及后续恢复生态系统

技术和重建方法的学科。它的主要研究方向是影响生态系统的退化因素,退化的生态系统如何恢复并重新建设的技术方法,并研究生态学发展的阶段过程和技术理论。其研究对象主要是经历了自然灾难,又受到人类活动的环境压力,这样的受破坏的自然生态系统在运行时,使用的是生态学的基本理论,最主要的是生态系统方面的演变交替理论应用。对那些原生湿地在后来的发展过程中,受到人类的干预而逐渐失去自身的循环功能,导致退化萎缩的湿地,运用生物学的原理来研究进化过程。恢复生态学与传统的生态学之间最大的区别是,它并不是从简单的单层次向多层次族群入手,而是直接从群落整体性地解决生态系统面临的难题。恢复生态学具有指导实践的理论意义,主要体现在对生态系统的建设和优化升级,以及对生物的保护和发展繁殖上。这项研究以生态系统层次为初始点,研究内容综合性非常强,并且由人工对其进行设置和控制管理。

恢复生态学可针对城市湿地公园的生态环境进行应用,主要包括:生态系统自身的稳定性、物种多样性、环境的可逆性与后续的恢复力;系统自身的发展原理与循环过程;建立退化生态系统与重建生态系统之间的联系;评估生态系统退化的原因;促进湿地生物多样性。在多次的研究与实践过程中,恢复退化的生态环境是有可能的,但关键是要建立在原有湿地自身情况的研究基础上,后续会对周边的城市带来较大的经济效益和生态效应。

城市生态系统主要是由铺设草坪、栽种树木、开发湿地、建设公园等构成。湿地系统可为城市的生态系统构建一套综合的复合循环过程,目前湿地系统是维护陆地生态系统的最佳方式。

湿地生态服务除了向人们提供其所需的各类原材料、医药以及食物之外,还会对人们赖以生存的地球上的整个生命保障系统进行有效的维持,尤其是实现各类生命物质循环以及水文循环等,从而延续遗传及物种的多样性,进行环境条件的净化,维持大气化学的平衡与稳定等。

湿地的生态功能主要体现在物质循环、生物多样性维护、调节河川径流和气候等方面。

（1）保护生物和遗传多样性。湿地蕴藏着丰富的动植物资源,湿地植被具有种类多、生物多样性丰富的特点,许多的自然湿地为水生动物、水生植物、多种珍稀濒危野生动物,特别是水禽提供了必需的栖息、迁徙、越冬和繁殖场所,对物种保存和保护物种多样性发挥着重要作用;对维持野生物种种群的存续,筛选和改良具有商品价值的物种,均具有重要意义。如果没有保存完好的自然湿地,许多野生动物将无法完成其生命周期,湿地生物多样性将失去栖身之地。同时,自然湿地为许多物种保存了基因特性,使得许多野生生物能在不受干扰的情况下生存和繁衍。因此,湿地当之无愧地被称为"物种基因库"。

（2）调蓄径流洪水,补充地下水。湿地在控制洪水,调节河川径流、补给地下水和维持区域水平衡等方面的功能十分显著,是其他生态系统所不能替代的。湿地是陆地上的天然蓄水库,还可以为地下蓄水层补充水源。

（3）调节区域气候和固定二氧化碳。由于湿地环境中微生物活动弱,土壤吸收和释放二氧化碳十分缓慢,形成了富含有机质的湿地土壤和泥炭层,起到了固碳作用。湿地的水分蒸发和植被叶面的水分蒸腾,使得湿地和大气之间不断进行能量和物质交换,对周边地区的气候调节具有明显的作用。

（4）降解污染和净化水质。许多自然湿地生长的湿地植物、微生物通过物理过滤、生物吸收和化学合成与分解等把人类排入湖泊、河流等的有毒有害物质降解和转化为无毒无害甚至有益的物质,湿地降解污染和净化水质的功能强大,被誉为"地球之肾"。

生态旅游以生态文明为基础,施以旅游生态经济优化的开发与管理,寓教于游憩,通过旅游的生态、社会、经济服务,实现可持续发展的旅游方式、旅游产业的理念。黑龙江省城市湿地公园特有的复合生态优势为当地旅游文化产业的发展提供了独特的视角。城市湿地良好的自然生态系统与地域历史文化系统相结合,从而构成稳定的、自组织自调节能力良好的人地系统。同时从旅游的多样化、多元化、多层面、全方位的生态开发和生态管理的理论、观点和方法方面说明这也是区域发展可采取的策略。

二、"兴"——科普与文化遗产主题

科学普及是一种社会教育,主要是通过民众易于接受的形式来广泛地传播各类科技知识,在社会中形成正确的科学思想,促进科学精神在群众中大力弘扬。结合湿地科普馆,利用多样化的科普教育形式来促进人们生态保护理念的逐步完善。在科普馆中介绍生态湿地的基本知识、我国所拥有的主要湿地类型以及基本的动植物种类等,此外,还可以通过多媒体等增加展示的信息量,普及黑龙江省非物质文化遗产的相关内容,以增加趣味性。并且将黑龙江省内国家湿地公园的主要情况展示出来,尤其是将水质净化的基本原理和所用的分析模型以简单易懂的形式进行介绍,给人以直观的印象,达到科学普及教育的目的。

黑龙江省城市湿地公园除了可作为科研所需的用地之外,还在现代生态知识的传播上发挥了不可或缺的作用。分布于湿地之中的鱼类、鸟类、挺水植物、浮水植物以及水体空间等均是自然环境的重要组成部分,城市内湿地的空间环境更是当地民众休闲生活的重要场所。

在发展城市湿地公园文化旅游产品生产的过程中,文化产业要注重创新意识的发挥,创造力不仅是生产的核心,同时也是文化产业的第一生产力。不能把文化旅游的概念简单地定义为还原地域历史文化,而是要在历史文化传承中发展出新的时代精神和价值。旅游文化产业的市场特性决定了其发展需要通过高质量的创新来完成,比起传统的资源,文化产业的发展更依赖于创新。要想对历史文化做出合适的阐述,需要通过创新将传统的文化与新的时代精神相结合。通过高质量的创新和再创造,让历史文化在当下转换为具有一定价值和知识产权的文化产品。

因此,首先要了解地域文化资源,在此基础上进行创新实践,通过新的创意以现代的方式对地域传统文化资源进行改造和包装,将湿地公园与科普教育相结合,呈现出传统的历史文化资源,最终将文化资源和形态的创新形成更完善的产业链。

发展黑龙江省湿地文化旅游的新业态,在对地域历史文化产品进行创新的过程中可以将科技与传统文化进行结合。基于此,通过科学技术以全新的方式阐述传统文化,并将文化产业融合到创意产品中,给游客全新的感官体验,吸引游客的好奇心并加深游客对文化和科技的记忆,带给游客高质量的城市生态、文化旅游的新体验。

三、"联"——景区与民俗文化互动

城市湿地公园属于城市绿地系统的一部分,建设城市湿地公园可以有效提高城市的环境品质。为了更好地发展城市生态旅游,同时保护城市生态环境,旅游部门需要在行政管理上对旅游景区做出指引和规范。考虑到目前我国的旅游景区游客数量不断增多,旅游景区的各种资源需要管理,在这个背景下,黑龙江省冬季旅游业应加大景区与民俗文化的互动式发展空间,将城市生态环境作为发展的大平台,融合文化产业的软性带动要素。

旅游发展要遵循多项原则,不仅包括社会效益原则,还包括经济效益和生态效益原则。社会效益方面就是提高人民的福祉,使人民有条件到景区内游览。《中华人民共和国旅游法》对公共资源建设的价格规定做出了规范,要求旅游景区降低旅游景点收费并在制定价格时注意成本的影响。公益性质的旅游景点和文化单位应该逐渐取消收费机制,免费开放(如博物馆和纪念馆等文化保护单位)。从控价到降价再到逐步免费,这体现了公共资源类景区的未来逐步回归公益性的发展道路。

生态旅游景区与所在城市的联动发展是实现区域旅游经济发展的重要途径。旅游景区联动发展的两个主要模式是全城旅游和旅游依托型的城镇旅游。当前的景区城镇化、城镇与景区脱轨等现象阻碍了区域旅游的联动发展效应,据此本书提出了景区与民俗文化产业联动发展的新构想。

旅游体验是以个性化的方式进行的,其内在结果是获得身心的反应。湿地公园的生态旅游是通过游客的观赏、感受、休憩和共享交流完成的,不同于商品和旅游景区的服务,其体验更注重游客的内心感受,因此体验式的参与成为游客感知景区文化的重要环节。体验的特点是个性、参与、互动,因此民俗文化融入景区是体现城市旅游文化特色的必然趋势。

首先,民俗文化促使城市生态旅游更加丰富化。旅游业包括吃、住、行、游、购、娱六大要素,而民俗文化涵盖了每个地区、民族居民的吃、住、行、游、购、娱六个方面的典型特色,因此,以民俗文化旅游为特色的生态游极大地丰富了城市旅游的内容。

其次,民俗文化使城市区域生态旅游的观览印象更加深刻。民族文化增加了旅游的内涵,民俗涉及每个地区和民族自己独特的生活方式、风尚习俗和风土人情;民俗能满足游客"求新、求异、求乐、求知"的心理需求。因此,开展民俗旅游有助于推动旅游向深层次发展,走向深度旅游。在我国文化强国的大背景下,民俗文化旅游更显特殊的意义,它也是文化强旅的重要动力。

最后,民俗文化拓宽了城市生态旅游的直观对象。一方面,民俗文化增加了游览的对象,因为没有民俗文化的旅游,可能只是游山玩水;另一方面,民俗文化增加了游客的群体,因为民俗旅游可以超越国界。国内一次权威抽样调查表明,来我国旅游的美国游客中欣赏名胜古迹的占26%,而对中国人的生活方式、风土人情感兴趣的却达到56.7%。

需要注意的是,不同游客的旅游和观赏体验不同,产生的认识和印象也各异。这些不同的理解和认识体现了人们对生活质量和理想生活的追求,对美的欣赏和对美好的向往不同导致游客在体验的过程中有着不同的偏好。外地游客更易于被旅游地的全新体验所吸引,本地游客则更沉迷于所熟知的地域文化背景。因此,生态旅游景区与民俗文化的联动发展,不仅可使地域本身发挥传统民俗文化的独特魅力,同时也能够更好地突出生态环境的地域属性。总而言之,这种丰富的旅游体验可归纳为四个方面——被动参与、主动参与、融入、沉浸,而同时涉及四个方面的体验会给游客带来更好的体验感(图7-1)。

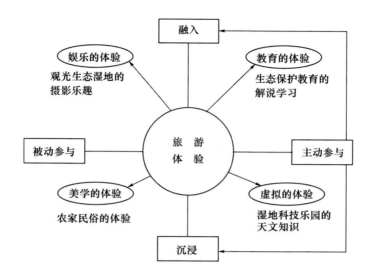

图 7 - 1　游客体验分类示意图

第二节　生态湿地旅游文化产业的发展对策

一、以生态为导向的景观设计

对城市湿地公园进行发展扩建要结合自身优势。黑龙江省城市湿地公园的旅游发展应从景观设计视角,规划设计契合保护自然生态环境的主体,使游客和游览活动围绕生态环境进行,但又不破坏自然生态环境。对于目前景区保护生态环境存在的不足之处,应查漏补缺,先将恢复生态环境提上日程,再从保护和盈利方面来探索景区未来的经营管理与运营。

景观设计本身包含生态和可持续发展的意味。一个好的景观设计必然是在维护自然生态环境与修复的前提下所做的可持续发展,是真真切切考虑到人们的需求所创造的环境。在城市湿地公园的景观设计中,设计师首先会对当地的湿地生态现状进行调研,通过调研发现其中所存在的问题,如空气污染、水体污染、环境遭到破坏等问题，随后有针对性地进行改造设计，改善景观环境，以适应未来的生态旅游环境。

湿地公园的生态景观从地形、水体、植物、铺装、构筑物等方面切合实际地进行优化设计，在地形方面利用地形高差解决场地当中水的问题、小区域气候问题、造景问题等。例如城市湿地公园中的水体，在景观设计中可结合地形设置多个小型的蓄水场地、雨水桶、雨水花园等，且利用雨水的季节性特点收集雨水并用于景观用水。景观水体对于环境生态的作用是水质的提高和旅游景区游客亲水性的游憩活动，使之成为环境中能够活跃气氛的一部分，从而成为景区中的亮点并改善生态环境。除此之外，景观设计常常利用植物的特性进行合理的配植，并考虑当地的气候环境特点，进行环境净化的合理化景观设计。

从生态视角审视黑龙江省城市湿地公园的建设和发展，需要结合景观环境和生物群落领域的理论知识。最基本的是要保障生态系统更加稳定，多样性更强，具有可逆性，加强生产能力与恢复速度，促进可持续发展。景观环境生态系统和旅游二者之间此消彼长，已经发生退化的生态系统需要进行景观保护与修复，面临退化或者已经退化的生态系统需要进行恢复与重新建设，完善其技术体系。基于此，对生态系统结构中的功能进行优化升级，对相关的调控技术进行改进，促进生物多样性发展，对物种的退化进行恢复与维持势在必行。当下的研究充分地体现了对退化的生态系统进行恢复的重要性，可利用价值高，并且能够创造出相当可观的经济收益、生态效益和社会利益。

在城市生态湿地保护与恢复的景观设计中，结合自然保护理论，尝试采取圈层式保护方式，按照"核心区—缓冲区—试验区"的应用运行模式。在研究项目分区考察的基础上，将原生湿地分成现状场地和生态保护核心区，并将外围城市建城区与其进行隔断，设立一个能够缓冲的区域，称为人工湿地，可以避免外界消极的生态干扰，让场地内部的原生湿地能够得到更好的保护。

自然保护区学中的圈层保护模式理论是进行应用的一方面原因。湿地保护区分为几个互相联系紧密的区域，分别是核心区、缓冲区和实验区。为了让自然生态的资源能够更好地互补和利用,根据黑龙江省城市湿地的实际情况,分析地位功能以及生物的种类,有针对性地建立科学的自然保护圈层。

核心区的湿地生态环境最为原生,有很多珍稀生物,生物多样性十分优越。因此,要想真正保护一块湿地,应该从核心区入手,由内而外地实施保护措施。而缓冲区位于核心区外围。缓冲区是围绕在核心区周围的保护层,在整个区域内起过渡的作用,将纯自然景观与受人类活动影响的区域隔离开,为两个区域的生态提供了稳定的环境。缓冲区的外面一层,即实验区,距离原生湿地环境最远,和人类生活有密切接触,受人类影响最大。实验区内的很多景观、生态条件、动植物生长等都受到人为的干预,借助外力健康生长。这种人为干预是正面的,可以给予区域内的动植物更好的生长条件,维护区域内的生态平衡。这种分区发展模式具有更好的发展潜力,对生态的发展也能随时进行检测和考察,做出合适的改善方案。生态区域的划分应遵循以下原则。

(1)每个区域的发展都要坚持保护性原则。核心区是一个湿地区域的中心部分,其生态的稳定与否会直接影响到另外两个区域。缓冲区作为过渡地带,也存在着很多独特的生物,多样性非常丰富。实验区作为外围区域,受自然和人为双方的影响。这三个区域缺一不可,要想将湿地保护得更全面,一定要贯彻生态保护的理念,不能忽视任何一个区域,并力图促进三个区域生态景观和谐发展。

(2)要统一核心区和缓冲区,保证两个区域的整体性。核心区和缓冲区是连接在一起的两个区域,前者的生态环境趋于原始状态,存在很多野生的动植物,但有些生物可能随着时间的推移、生态环境的改变而发生改变,如数量猛增或者突然灭亡。这时就需要进行一些人为的干涉,将已经不适合该生态环境的生物移到环境较为温和的缓冲区,使其有较好的恢复环境。缓冲区的生物出现类似的情况也可以用这种方式解决,所以要保持两个区域之间的联系,维护它们的整体环境。

(3)坚持实验区的绿色发展。实验区作为湿地区域的外围,相当于一个保护层的作用,它不仅要维持自己的发展,还要承担抵御外来危险的责任。实验区的选择要根据整个湿地的面积、生物类型、资源等，划分条件较为严格，对管理的要求也更高一些。

除此之外，为了更好地对城市生态湿地进行保护，应尽可能及时地采取圈层式的保护模式。圈层保护也不局限于上述所说的核心、缓冲、实验三个层级，可以扩大抑或缩小，即重点建设前两个区域。前者生态环境趋于原始，也被称为天然湿地；后者虽是自然湿地，但是受人工技术影响较多，被称为人工湿地。这两个区域需要通过对湿地内部的土壤、植被覆盖、生物多样性等方面取样分析。为获取客观、准确的分析数据，可利用 ArcGIS 等地理技术手段进行湿地空间划分。核心区的保护重点在于维护其原始环境，尽量减少人工干预。在尽量较少的干预下，发展生态核心区的自我修复能力，保证其健康持续发展。缓冲区作为过渡区域，在经过科学的分析后，可以采取合理的人工手段进行干预，丰富区域内的生物多样性。同时，也可以在湿地承受能力范围之内，进行适当的创新尝试，如引进一些生态活动，不仅能测试人类对湿地的影响程度，也能提高人们的保护意识。

二、建构文化产业的评价体系

文化产业发展水平的衡量系统很复杂，需要确定一个合适的衡量标准，而这个标准必须是综合考虑和反复验证之后的结果。本书对黑龙江省城市湿地公园的旅游业和生态发展水平进行了探索性的调查，涉及的指标充分考虑了各个方面的情况，包括国内外文献研究、国外经验借鉴、专家意见以及景观设计的实践经验。景观调研分析的数据是判断指标能否真实体现城市文旅产业发展水平的重要工具。通过定量分析选取合理的指标，设置一个显著性发展水平，然后构建多元线性数据和理论模型，研究城市文旅产业考察项之间的关联程度。其中，因变量来自问卷中对城市文化产业发展状况评分，在把握一个城市的文化产业发展状况方面，文化产业的发展现状是宏观层面的体现。文化产业发展首先以它作为参考，而同时它也可以最直观地评估一个城市文化产业的发展水平,这使得它最适合作为研究的因变量,其他考察项均为自变量。

一方面是市民的视角,包括周边居民参与和从事文化产业的情况,受访者参与的景区中文创产品的情况,以及附近居民文化活动参与度、时间和次数,居民所在地每月开展文体活动氛围。

另一方面是企业的视角,包括旅游相关产业集聚效应、市场需求、行业协会的作用、公共服务满意度、文化资源、国际交流情况。本书访问了生态环保、景观设计以及建筑理论领域的专家,专家以匿名方式提出自己的建议,我们再进行归纳整理,在多番调研之后,决策建议倾向于专家们较为趋同的意见。该调研方法可以增加调查结果的可靠性和代表性。

本书将文化旅游资源评价简单概括为一个鉴定和评价文化旅游资源的过程。在这个过程中,其目标是旅游资源开发保护,调查前提是文化旅游资源的实地考察,调查方法是定量和定性相结合的方法。开发保护文化旅游资源的前提是评价文化旅游资源,而评价文化旅游资源是在调查文化旅游资源的基础上,再进一步研究分析。要想做好开发保护文化旅游资源工作,就必须保证文化旅游资源评价过程的真实性和客观性。

研究通过定量评价可以很具体地比较出文化资源的不同和价值的大小。地区性是文化旅游资源多种特征中的一个,文化旅游资源在一个地区看来具有较高的价值, 在另一个地区可能没有价值。因此,必须使用定性的评价方式,客观地评价文化资源,既要定量也要定性评价文化旅游资源。文化旅游资源具有多种特征,单单从一个角度对文化资源进行评价,无法得出一个客观、公正的评价结果,文化旅游资源开发必须以对文化旅游资源进行全面考虑和多角度分析之后得到的评价结果为依据。与其他旅游资源不同,文化旅游资源具有文化特性。看待文化旅游资源要用发展的眼光,这也是评价文化资源的一个要求。相对而言,不论文化旅游资源是否被人们发现,是否受到人们的重视,它都是客观存在的。因而评价文化旅游资源时,要秉持实事求是的原则,挖掘其真实价值与特点。基于以上方法,研究综合专家意见法和定量分析结果,分层次、分阶段地综合分析旅游景区文化产业的影响指标(图 7 – 2)。

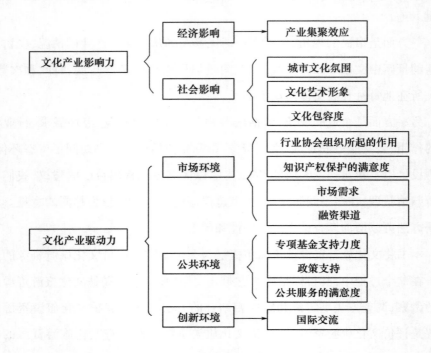

图 7 – 2 文化产业评价体系相应指标

三、注重城市文化的创意开发

联合国 2010 年授予黑龙江省哈尔滨市"音乐之都"的美称。音乐是哈尔滨这座城市的固化品牌,哈尔滨以"音乐之都"作为一个品牌,拓展这个品牌的影响力,推动"音乐之都"创意城市创建。哈尔滨借此发展文化产业,尤其是文化创意产业,推动经济社会发展。同时,响应国家号召,传承城市文化,对城市文化特色资源进行保护、挖掘与开发,尤其重视特色城市文化表达,致力于创建创意文化城市。

哈尔滨在 20 世纪二三十年代成为国际化城市,为中华文明贡献了多元文化的核心文化形态。中东铁路的建成推动人口和工商业在 1896 年到 1903 年逐渐集中到哈尔滨一带。同时,哈尔滨以消费、建筑、饮食、服饰、音乐、休闲文化为代表的城市性格受到大批国内流动人口和国外涌入者较大的影响。

将"音乐之都"创意城市建设与城市重大事件有机整合,是城市文旅创意开发的新思路。

其一是与哈尔滨市重大节庆活动有机整合。哈尔滨借助其在国内外负有盛名的各项节庆活动,把中国·哈尔滨之夏音乐会、中国—俄罗斯博览会(哈洽会)、"迷人的哈尔滨之夏"旅游文化时尚活动暨中国·哈尔滨松花江湿地节、中国·哈尔滨国际冰雪节和"音乐之都"创意城市创建融合起来,打造了一批以音乐为主题的旅游产品。例如,哈尔滨音乐厅、哈尔滨大剧院、老街音乐会等促进了市民文化生活的蓬勃发展。在这些重大节庆活动期间推出音乐演出项目,开展音乐演出系列活动,扩大音乐之城品牌影响力。

其二是在旅游景区开展国际水准的大师级演出精品,以此来提升湿地旅游文化节的影响力和关注度。很多著名音乐精品都曾在哈尔滨大剧院演出,从经典歌剧如《图兰朵》《战争与和平》《乡村骑士》《丑角》《费加罗的婚礼》等,到世界一流乐团演奏会,以祖宾·梅塔指挥的维也纳管弦乐团、以色列爱乐乐团、意大利爱乐乐团和匈牙利国家交响乐团为代表,再到卡雷拉斯独唱音乐会等纷纷亮相。这些杰出的演出,在城市湿地公园内举办或者联动展演,有力地促进了城市公园的文化环境建设,同时也为演出提供了新的活动空间。

其三是国际标准的演出赛事,由哈尔滨音乐学院及市人民政府联合主办、勋菲尔德国际弦乐协会和哈尔滨演艺集团协办、市文化广电新闻出版局承办的勋菲尔德国际弦乐比赛在国家文化部批准之后顺利举办,每两年在哈尔滨市举办一届。哈尔滨勋菲尔德国际弦乐比赛等六项音乐赛事于 2017 年 5 月正式加入世界国际音乐比赛联盟(WFIMC)。为加快创建"音乐之都"创意城市的步伐,一方面推动国际一流弦乐比赛举办进程,从而增强哈尔滨对国内外艺术团体专家和音乐院校的吸引力,进而在世界范围内选拔一批青年音乐天才;另一方面,政府采取相关措施提高群众对高雅艺术的认知,激发其艺术热情,为哈尔滨建设"音乐之都"找到一条可持续发展道路。

这些城市文化的创意开发,在带动城市文化健康发展的同时,也为城市旅游文化产业的发展打开了新局面。传承和创意开发历史文化资源,不仅可以弘扬地域文化的特色,还可以提升历史文化资源的价值转换能力。城市生态旅游景区用故事活化历史文化资源,推动历史文化资源景观化,同时以创意"秀"增强历史文化感染力,创新性地运用现代审美意识创意开发传统民间艺术,是推动城市历史文化资源创意发展的路径。

四、生态景区趋于市场化经营

在社会市场化发展的背景下,生态景观在经营建设方面也存在着明显的资金短缺问题,因此诞生了各种各样的景区管理模式,可通过对所有权和经营权之间的关系进行调控来解决资金短缺这一问题。与投资主体多元化相适应,管理模式也呈现不同的形态,如政府专营的管理经营模式,租赁、承包以及买断等现代企业制度的经营管理模式等。与景区有关的群体非常多,利益诉求也各不相同的(图7-3)。对于景区的消费者——游客来说,其目的就是有得玩、玩得起、玩得好。对于投资者来说,投资要有安全保障,经营权等产权稳定,核心要求就是有回报,取得战略优势和创新优势。对政府来说,政府的目标就是用有效的方式来促进景区的不断发展。地方政府还可能具体负责对景区进行战略规划,并对其日常运营和服务进行监管。对于景区管理者来说,管理者又细分为公益型景区管理者、商业型景区管理者以及介于二者中间的投资者,其追求的目标要综合考虑游客、政府与投资者三者的目标和需求,满足政府宏观监管、旅游效用最大化以及对投资者的回报等。

城市生态旅游景区成立专门的机构对景区进行有效管理是政府专营管理模式的主要特点,实行财政统收统支。现代企业制度管理主要是将景区作为经营性资产,利用景区本身的特点吸收其他的经营成分,使更多的股份进入其中,以此提高景区的收益。景区管理公司模式则是由管理资本介入,并在短期内促进景区业的市场化发展进程。由于投资者不熟悉旅游行业,没有相应的

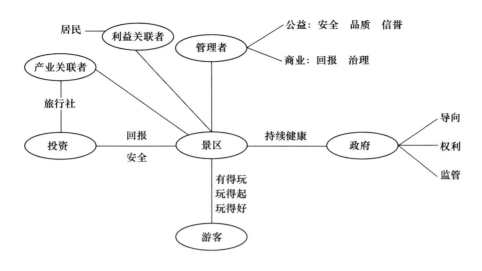

图 7-3　景区商业的利益相关主体示意图

人才储备,借助景区管理公司可快速走上正轨。从地方的实践和需要来看,景区行业的开发、管理和营销等专业服务正成为一个大有前途的领域。这种方法也更加符合目前的市场环境,能在短时间内达到效益最大化。由此可见,景区管理公司是从市场中成长发展的新力量,也是旅游部门对景区行业进行管理的有效途径。

对景区进行管理的目的是为游客提供更加舒畅的旅游环境,使景区内部的资源得到最大限度的发挥。以体验为中心的旅游开发主要有三个优点:优质、持续、平衡。优质是指能够明显地对当地居民的生活质量进行改善,也能够促进当地环境的改变。持续是指游客在旅游的过程中对当地的文化和自然资源进行保护。平衡是可持续旅游要平衡旅游业、环境与地方社区的需要,重视游客、社区与目的地的共同目标,注重三方协作。这实际上是说要尽可能提高游客的旅游质量,也要保证旅游资源的多样性和完整性;景区要提供更加物超所值的服务,使游客能够更加畅快地游玩;经营时则要注意低风险、高回报;还要为社区人员提供更多的就业机会,必要时减少税收。

第三节　旅游景区生态设计与文化产业并联

一、生态与文化旅游资源同构

旅游文化作为一种特定的文化形态,具有特定的内涵以及外延特征。生态旅游是一种文化形态,主要是在文化遗产、自然环境旅游资源开发基础之上保护自然环境,实现文化与经济的共同发展的旅游形式。基于此,本书在对旅游文化资源进行评价时,主要运用了以下三种方法:一是问卷评价。这种方法的适用面相对较广,那些不可度量的文化资源以及文化资源的评价指标都可以用该方法进行。该方法需要将定性指标和定量指标相结合,这样才能得到最佳结果。但由于一些民俗或者人文资源的影响,这种方法的结果相对不稳定,容易受到外界因素的影响。二是专家系统评价。这种方法是让专家发表自己的见解,然后对这些专家的意见进行总结,得到最初与最终的评价。三是统计报表评价法。这种方法目前已经成为对文化资源及资料进行收集研究的一个非常重要的途径。

对文化旅游产品市场的评价也就是对文化旅游产品的消费市场进行评价,市场分析既要考虑市场的区域分布、人口统计,也要分析本地消费者和外来消费者的消费心理、市场行为,所以要大力推进经营性文化的市场化和商业化。

对文化资源的效用进行评价时还需要对文化旅游资源所产生的社会效用进行评价,评价其对经济发展产生的作用,也就是经济效用;其能否彰显某地区或某种民族的风俗礼仪,并对公共道德产生何种影响;以及对资源消费人群所产生的影响。对文化资源的开发条件评价又可以细分为以下几点:对资源地区区域经济发展的评价、对基础设施的评价、对区位条件的评价以及客源市场的评价。

　　在进行生态旅游与旅游文化发展中,要将文化保护、生态环境保护作为关键因素。在进行生态旅游发展中,要重视旅游文化,明确文化主体的重要性。通过政府政策等给予一定的支持,达到加强当地文化主体的文化自觉性,提升生态旅游与旅游文化融合,提高整体经济效益的目的。

　　与此同时,通过生态旅游与旅游文化有效融合,实现文化的保护与传承,产生一定的经济效益及宣传效果,对民族文化的保护具有积极的作用。但是,在实践中其产生的不良影响也是必须要正视的问题。如果文化的主体意愿、民俗文化传统性失真,则不利于生态环境、传统文化的保护。生态旅游和文化旅游与所在地区的环境资源、文化资源有密切的关系,与当地政府、居民在旅游开发中的生态环境保护工作也有密切的关系。通过对潜在的自然资源进行开发,挖掘生态旅游的卖点,将其作为优势进行文化旅游的开发,自觉成为文化、生态旅游的主体,充分利用生态旅游、文化旅游的优势,用发展的眼光分析文化资源。

二、景区效益与评价系统关联

　　首先是生态效益。例如哈尔滨群力湿地公园致力于对水的净化利用,公园建造了专门的系统对城市的地表水进行过滤,以此补充地下水。此外,它还将城市中利用不了的水引入公园中,用公园的植物对这些水进行回收,以此降低洪涝的发生概率。据调查,该项目可直接消纳 123 公顷范围内的雨水,而且该湿地公园还与市政的排水系统相连接,能够有效地对这些废水进行过滤处理,在极端暴雨情况下,可以收集 0.86~48.92 公顷范围的雨水。该湿地公园的正常蓄水量为 71 905.85 立方米,极端条件下最大蓄水量为 137 674.64 立方米。

　　其次是社会效益。群力湿地公园内管理简单易行,植被不断丰富。土人景观设计公司在回访时发现,附近居民采摘野菜、孩子观察小动物和植物、摄影等活动都是自发产生的。在本书的调研过程中,共有 196 人参与了访谈,其中,对公园总体环境的评价基本为"世外桃源""亲近自然""人工痕迹少""野趣""空气好"。体育健身活动的场地需求比较明显,工作日休息各时段的活动需求比较稳定。目前湿地公园已成为周边居民进行体育健身的最佳场所。群力湿地公园开放后,不但深受群众的喜爱,同时也是各级领导考察、学习的重要场所。调研当月平均每周接待 30~40 人的社会团体参观考察,其中以哈尔滨市的各大中小学为主。

最后是经济效益。以下三点是湿地公园经济效益最直观的体现:

(1)采用有别于传统市政工程的方法解决城市内涝问题,以 10% 的城市用地作为低维护、低投入的"绿色海绵体",可有效解决城市雨涝问题,大大节省市政基础设施投资。

(2)海绵体本身具有综合性的生态系统服务功能,能最大限度地发挥城市土地的效用,同时由于充分利用了雨水,城市绿化维护费用大大降低。

(3)由于湿地公园的建成,周边土地价值成倍提高。体现传统我国农业智慧的"四水归明堂,财水不外流",在现代城市中,通过营造绿色海绵体的湿地公园得到了体现。

前文论述了旅游景区借助环境优势发展相关产业,而如何使好的理念应用于景区建设之中,就需要相应的服务评价体系和健全的管理制度。对于生态环境来说,这也是基于保护目的的营利模式之一。此外,还有几种模式也值得进一步推敲:

(1)变革单一的门票经济。门票是目前我国景区最主要的盈利来源,然而近年来的门票涨价风潮着实令不少游客伤透了心。为此,城市湿地公园景区经济应从"一大盘棋"角度进行考虑,彻底打破条块分割局面,强化旅游综合效益、经济效益,走出单靠门票和旅游的经营俗套,走旅游特许经营、旅游带动相关产业发展的道路。

(2)资源产业链盈利模式。例如德国柏林动物园 2006 年底收养的一只小北极熊"克努特",自 2007 年 3 月与公众见面到 7 月 5 日,已吸引了 100 万游客前往参观,在德国乃至整个欧洲掀起了"克努特热",已经从最简单的参观逐渐向出售玩具、工艺品等价值链发展，动物园的收益也大幅增长。黑龙江省城市湿地作为生态景观区域，在参观游览之外，不能仅限于单一的观光游览，还有大量的文化景观可做进一步延展开拓，既能不破坏城市湿地的资源环境，又能促进社会经济效益的提高。

三、措施与建议

景观资源是人类文化的重要源泉之一。近年来，我国先后公布了一大批国家级和地方级的风景区，颁布了有关风景区的管理和条例。湿地景观也是一种具有巨大文化、娱乐及美学价值的旅游资源。随着世界范围内的湿地热，类型多样的湿地景观为湿地生态旅游开发提供了新机遇。湿地生态旅游管理体制的建立对保护湿地生态环境及维持湿地生态旅游的可持续发展有重要意义。湿地生态旅游管理中涉及的部门广，牵涉多个利益主体，包括湿地的拥有者、管理者、政府部门、社会团体等各个方面。为了对湿地生态旅游开发实行有效的管理，就必须协调好各部门、各利益相关者之间的关系，明确各自的权利和责任，建立一个具有决策能力的管理机构，组织各方团结协作，按照既定的统一目标，共同参与管理工作，最终建立有效的管理体制，避免多头管理。

湿地生态旅游管理是在统一规划基础上，运用技术、经济、法律、行政、教育等手段，限制自然和人为损坏湿地的活动，达到既满足人类经济发展对湿地资源的需要，又不超出湿地生态系统功能的控制范畴。总结而言，通用性强的管理模式往往也缺乏针对性，旅游景区若采用极具通用性的管理模式势必难以发挥景区的最大优势。因此根据具体类型做出更有针对性的选择才是良策。表7-1展示的是三种景区管理模式的比较，分别为科教基地模式、中间模式、快乐剧场模式。

表 7 −1　旅游景区管理的三种模式比较

管理模式	科教基地模式	中间模式	快乐剧场模式
资源等级	世界级国家级垄断资源	垄断竞争性资源	竞争性资源
典型例证	世界遗产	城市公园	主题公园
主要功能	保护与科教功能	科教休闲功能	旅游休闲功能
利益中心	全民中心	地方中心	旅客中心
管理目标	资源保护为主	保护与开发并重	经济开发为主
指导理论	旅游可持续发展理论	融合理论	旅游体验论
管理性质	事业管理为主,企业管理为辅	企业管理政府监督	企业管理
资金运作	拨款＋特许经营＋赞助	经营创收＋补贴	经营创收

（1）科教基地模式主要适合于国家对于资源的垄断,如世界遗产、国家风景名胜区等。这类景区的主要目的就是保护资源,为了对该类景区的资源进行保护,政府派专人对该类景区进行监管。虽然政府也对该类景区进行拨款,但是该类景区主要还是依赖自身的经营收益来维持与发展。除此之外,景区还应该自力更生,充分发挥旅游景区的科教功能。

（2）中间模式适于具有公益性质的旅游景区。中间模式以休闲旅游功能为主,以科教功能为辅。旅游景区采取的方式是企业与政府联合管理监管,主要目的是经营获利。虽然政府与企业联合对此类景区进行监管,但是目前该类景区的开发没有规划,所以游客旅游时比较没有目的性,经常两个景点要逛半天。所以有专业人士建议这类景区的开发要积极引进非国有资本的参与。

（3）快乐剧场模式主要是以经济开发为主的景区。这类景区的特点就是到处充满欢乐,不仅可以给孩子提供欢乐,还可以给成年人带来欢乐,以游客的第一需求为主。此类景区的竞争力很大。

通过对比研究国内外优秀的案例,从而得出初步的结论:传统的封闭式管理并不能解决自然保护区中自然保护与经济发展之间的矛盾问题。正确的做法是对当地的生态环境加以合理地开发保护,这不仅有利于当地的经济增长,还可以保护原始的生态环境,达到经济与环境保护协调发展。保护与发展的辩证关系是在保护的前提下发展,发展促进更好的保护,这正是生态旅游的宗旨和原则。生态旅游是自然保护区开发利用的最佳模式,主要原因如下:

(1)生态旅游是可持续消费的最佳方式之一。传统旅游作为高层次的消费活动,虽然给当地带来了经济收益,但同时给当地环境带来的污染也是不可逆的。生态旅游强调的是在保护生态环境的基础上,提高当地人民的收入。不仅可以提高当地的经济水平,而且还使特色产品得以外销,对于当地人民来说,是可持续发展的旅游。

(2)生态旅游具有充足的客源市场。目前在城市生活的人越来越多,在城市快节奏的压力下,更多的人愿意回归自然,感受田园生活的惬意与悠闲。所以自然保护区成为人们旅游休闲的首选。尽管目前自然保护区的开发还有很多限制,但是从目前已经开发的地区来看,取得的效益是良好的。

(3)生态旅游是自然保护区未来发展的途径。生态旅游活动在保护生态系统完整的同时,提升了经济效益,解决了自然保护区环境保护与经济效益提升两大难题,是自然保护区发展的双赢途径。

基于以上研究所得结论,对黑龙江省湿地生态旅游景区提出以下发展建议:

(1)以文化为核心,以市场为导向,注重创意和创造性开发。文化旅游产业更加注重旅游资源的文化内涵的挖掘,注重人的创意和创造能力的发挥,进而依据市场规律,进行产业化运作,进一步拓展和延伸旅游资源的价值。

(2)产业发展从传统的角度即侧重生产者的角度,转向现在的以游客为重心的角度,主要是以游客的物质和生理需求为主。

(3)产业融合性更高,联动性更强。文化旅游产业使得传统旅游产业进一步与影视产业等其他文化产业融合,为传统旅游产业的转型和升级注入了新的活力。同时,文化旅游产业具有对演出产业、影视产业等其他相关产业的强大的带动效应,能够推动这些产业的发展,从而推动整个国民经济的不断进步。

(4)与传统旅游产业的单一性相比,新兴的文化旅游产业资源涉及的范围更加广泛,与其他行业的融合性更强,不仅包括旅游资源、旅游方式、旅游服务系统等方面,还包括创意策划、演出产业、影视产业等,这些也成为推动当下旅游产业进一步发展和转型至关重要的因素。

第四节　文化产业与湿地旅游发展的联结点

本书通过研究前期阶段的实地调研总结,选择适合景区长远发展的文化关联为切入点,提出了有利于黑龙江省旅游文化产业发展的建议。本节结合黑龙江省城市湿地公园的现实发展状态,提出相应的合理化建议。研究结构如图7-4所示。

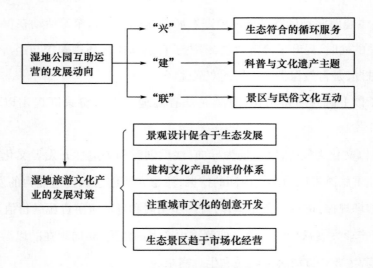

图7-4　总结阶段的研究结构示意图

研究选择了哈尔滨、大庆、齐齐哈尔这三座城市的湿地公园作为研究对象,分别从湿地公园的产业状况(宏观分析)、营商环境(中观分析)、企业投入产出状况(微观分析)三个层次,分析了公园的经营和运营情况,同时结合问卷调研和访谈的方式,为研究提供了一定的支撑数据。

研究发现,哈尔滨、齐齐哈尔、大庆这三座城市湿地公园经营管理类别各有特色(表7-2)。根据旅游景区管理模式,对调研的城市湿地公园进行分门类的考察研究,得出的建议对策是相对普遍适用的,有利于生态旅游景区发展,促进生态环境保护,提高城市文化发展空间。

表7-2　城市生态旅游景区管理模式

名称	管理模式	中间模式	经济开发模式
哈尔滨群力湿地公园	开放管理	主题公园模式	暂无
哈尔滨太阳岛湿地公园	封闭管理	保护与开发模式	主题公园
大庆市龙凤湿地公园	资源保护型	旅游度假区模式	旅游体验
齐齐哈尔江心岛湿地公园	资源保护型	主题公园模式	公益性服务
齐齐哈尔扎龙湿地公园	资源保护型	保护与开发模式	公益性服务

　　研究建立了城市湿地公园旅游景区数字创意产业竞争力影响因素模型。其中,营商环境共设计了16个指标,包括企业经营者所在城市宜居度(房价、交通、物价等)、政府服务水平、引进人才的力度、企业融资状况、扶持政策出台和落实情况等。为了采集到真实有效的信息,需立足于游客和当地居民的反馈,采取问卷调查的方式,由企业经营者填写,采访当地游客和居民。同时,根据文化产业的分类和建立良好的行业统计制度以推进文化产业实践的发展。研究统计了文化及相关产业的涵盖范围,将其划分为"核心层""外围层""相关层"(图7-5)。研究发现,营商环境作为产业发展软环境,深刻影响着一座城市文化产业发展。实际上,哈尔滨、大庆、齐齐哈尔这三座城市的经济发展水平、产业结构、消费结构总体不分伯仲、各有特色,文化产业发展状况在很大程度上取决于软环境即营商环境的状况。在当代社会,中心城市之间的竞争,在很大程度上是软环境的竞争,它决定着城市的吸引力和未来发展。

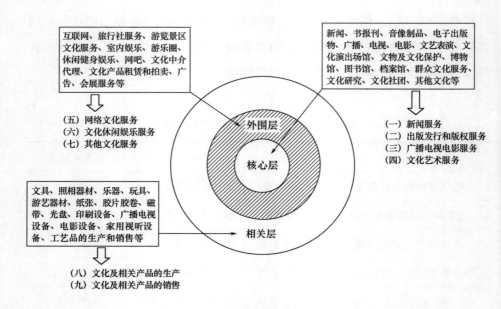

互联网、旅行社服务、游览景区
文化服务、室内娱乐、游乐圈、
休闲健身娱乐、网吧、文化中介
代理、文化产品租赁和拍卖、广
告、会展服务等

新闻、书报刊、音像制品、电子出版
物、广播、电视、电影、文艺表演、文
化演出场馆、文物及文化保护、博物
馆、图书馆、档案馆、群众文化服务、
文化研究、文化社团、其他文化等

外围层

核心层

相关层

（五）网络文化服务
（六）文化休闲娱乐服务
（七）其他文化服务

（一）新闻服务
（二）出版发行和版权服务
（三）广播电视电影服务
（四）文化艺术服务

文具、照相器材、乐器、玩具、
游艺器材、纸张、胶片胶卷、磁
带、光盘、印刷设备、广播电视
设备、电影设备、家用视听设
备、工艺品的生产和销售等

（八）文化及相关产品的生产
（九）文化及相关产品的销售

图 7 - 5 文化及相关产业发展方向图

结　　语

本书主要以哈尔滨、大庆、齐齐哈尔三座城市的五个湿地公园为案例,通过问卷调查及数据分析方法,论证了城市生态湿地公园物质环境以及旅游相关文化产业发展的决定因素的理论假定。研究表明,以共享经济作为黑龙江省湿地公园旅游业相互发展的基础,旅游业通过与其他产业相互协作以及分享优秀经验的做法,不仅扩大了旅游业的发展,而且促进了其他行业的发展。旅游业通过与其他行业融合,促进了产业的创新、产业的结构化以及产业的中心竞争力。

第一,理论研究以生态优势为切入点,研究城市湿地公园旅游景区的发展。研究致力于探究黑龙江省城市湿地的区域分布与城市文化环境之间的关联,以及旅游景区文化产业发展的关联性与未来发展。生态景区通过景观的管理与经营,以及生态与人工环境的有效利用这两个方面印证了旅游景区游客的忠诚度指标。以游客满意度、湿地生态环境、湿地科普教育以及感性认识作为影响因素的变量,通过环境因素和游客的忠诚度作为结果的变量表。量表的真实性是通过效率的验证和量表的可靠性来证明的。

第二,基础性的数据整理工作是横向比对了黑龙江省三座主要城市湿地公园景观的现状。运用 ArcGIS 软件高效地浏览地理视图中的海量三维数据,使用 ArcScene 查看地方坐标系中基于特定位置的数据。整理了黑龙江省这三座城市湿地公园生态资源的分布情况和湿地景观设计的地理环境特征、生态环境特点,进而分析得出游客对景区环境的关注度。建立了包括湿地公园游客对生态环境的属性感知、总体满意、忠诚、环境认知、环境态度、环境行为倾向在内的一体化结构模型,并验证了各因素之间的因果关系。

第三,创新性的研究结果体现在结合目前黑龙江省湿地旅游景区的开发建设,对于现有景区的开发管理原则,通过吸取优秀的经验理论做法,研究出了比较适合黑龙江省发展生态文化旅游以及一系列文化产品的对策。

第四,拓展了湿地生态公园的研究领域,包括景区物质环境和游客黏性。湿地公园作为我国新发展的产业领域,对景区物质环境和对游客黏性研究的相比其他领域而言较少。本书通过研究湿地公园的生态特点和生态作用、游客对湿地公园的黏性以及湿地公园所特有的特征,从而设计针对性较强的研究方式以及评价测量。

由于盲目开发和环境演变,黑龙江省的湿地面积正在逐步缩小,生态功能也日益减弱。因此,应刻不容缓地开展湿地生态结构的修复、建设以及评估研究。

首先,在自然环境保护方面,建议湿地公园应合理化、科学化构建并保护湿地植物群落,使生态景观成为地域环境标签,使文化景观成为描述历史人地关系的现实材料,树立起"生态—文化"景观发展的新观念。

其次,在文化经营上将湿地公园作为文化旅游活动项目的实施地。策划、设计、引导、营销具有较强吸引力、文化创意特色的文化旅游活动项目,使其成为城市生态景区的一大特色,结合黑龙江省四季分明的特点,在不同的季节对相关项目活动进行适当的调节,使其成为弹性的文化旅游项目活动。

再次,激发城市湿地公园旅游产业的内部融合。旅游产业内部要素,即食、住、行、游、购、娱,它们之间相互联系、相互渗透而形成融合,可通过上游和下游产业链条进行相互配合以及旅游产业拓展的协作。旅游产业结构的优化升级和旅游业的快速发展,都是旅游产业内部融合的重要推动力。例如房地产业、农业、工商业、文化产业等一系列产业在促进发展的过程中,逐步形成景观房产、农业旅游、工商业旅游、文化旅游等其他旅游产业相互浸透、相互配合的新产业发展状态。大力提倡旅游业与其他产业相互配合,与第一、第二、第三产业中任意一个产业相互配合,从而形成新产业。

　　最后,在湿地公园旅游景区的服务价值方面,关注城市湿地公园生态景区旅游文化产品及文化旅游相关产品的忠诚度。研究总结"感知—总体满意—忠诚"的因果关系链。与此同时,游客黏性与游客感性思维下的资源配置具有很大作用。在影响城市湿地公园旅游发展的因素中,文化创意型、乡村旅游型、旅游景区型、温泉疗养型等都对游客的满意程度和忠诚程度具有很大的影响。生态景区的旅游综合体发展模式要通过运营提升收益,通过资本运营和消费运营两种途径,减少运营成本,通过科学规划建设、专业运营和高效管理实现成本的压缩。

　　湿地为生态脆弱地区,对环境变化十分敏感。湿地生态旅游开发不可避免地带来许多生态、社会、文化、环境等问题,导致旅游经济的发展与环境保护、社会稳定等出现不协调的现象。要解决这一问题就必须引入可持续发展观念,建立文明的生态旅游开发方式,以资源保护为基础,在保持和增强未来发展机会的同时满足目前游客和当地居民的需求,使当代人与后代人享受湿地资源的机会平等。同时,发展应与自然和谐,强调以生态效益为前提,以经济效益为根本,以社会效益为目的,达到三大效益协调统一的综合效益最大化。具体实践中,要坚持湿地生态旅游开发的可持续发展原则,通过科学的开发规划、有效的旅游管理,以及加强湿地保护立法、积极引导公众参与等开发策略,保护湿地基本的生态过程、生物多样性以及文化遗产完整性,这是实现湿地可持续旅游开发的必由之路。

附　　录

附录一　问卷调查表

尊敬的朋友：

　　首先感谢您参与这份问卷的填写。我们目前正在进行黑龙江省城市湿地公园生态环境保护与发展方面的专题研究，这次调查仅供学术研究之用，请放心填写。您的宝贵意见会为研究提供宝贵的参考信息，再次感谢您对于城市生态环境科学发展的支持与协助！

一、基本情况

1. 您的性别：

A. 男　　　　　　　　　　B. 女

2. 您的文化程度：

A. 初中及以下　　　　　　B. 高中、中专及职高　　　　　C. 大专

D. 本科　　　　　　　　　E. 硕士及以上

3. 您的职业：

A. 公务员　　　　　　　　B. 企事业管理人员　　　　　　C. 专业技术人员

D. 服务销售人员　　　　　　E. 工人　　　　　　　　F. 离退休人员

G. 学生　　　　　　　　　　H. 农民　　　　　　　　I. 教师

J. 军人　　　　　　　　　　K. 其他

4. 您的年龄:

A. 14 岁及以下　　　　　　B. 15～24 岁　　　　　　C. 25～44 岁

D. 45～64 岁　　　　　　　E. 65 岁及以上

5. 您的月收入:

A. 3 000 元以下　　　　　　B. 3 000～6 000 元　　　　C. 6 001～9 000 元

D. 9 001～12 000 元　　　　E. 12 000 元以上

6. 您家在:

_____省_____市

二、对湿地公园的理解情况

7. 湿地公园的主要观赏点分布在:

A. 景区的入口处　　　　　　B. 生态环境中心区

C. 景区的稍远区域　　　　　D. 景区休闲娱乐区域

8. 您最喜欢湿地公园的:

A. 视野辽阔,观赏性强　　　B. 空气清新,接近自然

C. 交通便利,可达性强　　　D. 景区的休闲娱乐设施

E. 没有兴趣点

9. 湿地公园目前的生态环境状况如何?

A. 非常好　　　　　　　　　B. 好　　　　　　　　　C. 一般

D. 差　　　　　　　　　　　E. 非常差

10. 您对湿地公园中历史展顾和文化产业相关衍生项目感兴趣吗?

A. 非常感兴趣　　　　　　　B. 愿意带孩子参与　　　C. 一般性浏览

D. 不感兴趣　　　　　　　　E. 不愿意参与

11. 您对湿地公园目前的休憩场所状态满意吗?

A. 非常满意　　　　　　B. 满意　　　　　　　　C. 一般

D. 不满意　　　　　　　E. 非常不满意

12. 您对湿地公园内部的交通设施使用情况满意吗?

A. 非常满意　　　　　　B. 满意　　　　　　　　C. 一般

D. 不满意　　　　　　　E. 非常不满意

13. 湿地公园内的科普教育类场所,您去过一次以后,还会再去吗?

A. 如果教育内容不断更新仍会参与

B. 逢节假日仍会再次参与

C. 结伴同行还会参与

D. 如非必要不会参与

E. 不愿意参与

14. 湿地公园现有景观区域当中,您最喜欢哪一类景点?

A. 主景区及缆车乘降区

B. 湿地生态自然环境区

C. 湿地景观休闲娱乐区

D. 湿地文化展示区

E. 湿地公园自然互动区

15. 湿地公园的植物,您最喜欢哪一类?

A. 大型植物森林区　　　　B. 湿地滨水植物区

C. 湿地沼生植物区　　　　D. 湿地花叶植物区

16. 湿地公园的休憩场所,您在哪里逗留时间最长?

A. 大型植物森林区　　　　B. 湿地滨水植物区

C. 湿地沼生植物区　　　　D. 湿地花叶植物区

E. 水生植物与候鸟丹顶鹤互动区

17. 如果陪同好友和同事来游玩,您作为导游,最先带领他们去的景点是哪里?

A. 湿地公园主景区便于拍照留念

B. 湿地生态自然互动区参与游玩

C. 湿地公园休闲娱乐区餐饮休息

D. 湿地文化展示区了解当地文化

E. 湿地公园自然互动区了解当地生态人文环境

18. 在游玩结束之后，您和朋友会选择在景区附近就餐还是另寻他处？

A. 景区内就餐　　　　B. 景区周边就餐　　　　C. 市中心就餐

D. 市郊就餐　　　　　E. 家中聚餐

三、湿地公园的发展情况

19. 您认为会影响湿地公园发展的因素有哪些？（可多选）

A. 区域工业生产影响

B. 湿地周边居住区影响

C. 公园交通环境

D. 环境污染问题

E. 湿地周边商业环境

F. 公园周边的景观环境

G. 湿地动植物的生态环境

20. 您觉得湿地周边居民对湿地公园的发展起到哪些作用？（可多选）

A. 提高人居环境的作用

B. 破坏生态环境作用

C. 相互促进良性发展状态

D. 湿地环境的最佳受益人

E. 湿地环境的最佳保护者

21. 旅游发展对湿地生态环境的发展有哪些作用？（可多选）

A. 提高人居环境的作用

B. 破坏生态环境作用

C. 相互促进良性发展状态

D. 湿地环境的最佳受益人

E. 湿地环境的最佳保护者

22. 为保护湿地生态环境,您支持生态保护区收取景区门票吗?

A. 赞同,门票收入用来维护景区生态环境建设

B. 不赞同

C. 赞同合理化收取适当门票

D. 园区特色游戏区独立收费

23. 您愿意支付多少钱用以保护湿地生态自然环境?

A. 50 元   B. 80 元   C. 120 元

D. 240 元   E. 350 元

24. 对于湿地公园附近区域的商业发展,您更倾向于哪一种?

A. 文创产品的开发

B. 科教产品的开发

C. 城市历史文化产品

D. 生态文化相关产品

25. 在湿地景区的宾馆入住,您更喜欢现代化宾馆,还是与生态环境相协调的木质房屋?

A. 入住景区生态宾馆

B. 附近商业区酒店

C. 所在城市五星酒店

D. 生态区域农家院

26. 下列哪种管理方式最有利于生态环境的保护?

A. 加强宣传教育工作

B. 居民与景区共同参与环境保护

C. 景区设立独立的管理机构

D. 城市历史区共建管理模式

27. 在生态环境的保护开发中,哪个群体的作用最大?

A. 当地居民群体　　　　　B. 城市环保主义者

C. 景区独立监管　　　　　D. 市政管理人员

28. 您认为有必要为游客游玩和参观开放全部生态环境吗?

A. 没有必要　　　　　　　B. 有必要

C. 部分开放　　　　　　　D. 环保日开放

29. 您对现有湿地公园的设施和环境满意吗?

A. 非常满意　　　　　　　B. 满意

C. 一般　　　　　　　　　D. 不满意

30. 您从湿地公园生态环境中获得的最大收获是什么?(可多选)

A. 接近自然环境身心愉悦

B. 拍照摄影好友相聚

C. 提高生态科普知识和环保意识

D. 与自然环境和谐相处

E. 家庭旅游观光其乐融融

31. 对于城市湿地公园的保护与发展,您还有何建议?(可多选)

A. 增设商业餐饮环境建设

B. 提高自然生态景区的游客参与度

C. 青少年教育基地的建设

D. 加大旅游交通设施的投放

E. 增设景区休闲娱乐区域游乐设施

F. 其他(请填写) _____

附录二　中国城市湿地公园名录

城市湿地公园名称	所在省市（县）
青格达湖湿地公园	新疆维吾尔自治区五家渠市
雨亭国家城市湿地公园	黑龙江省讷河市
群力城市湿地公园	黑龙江省哈尔滨市
南湖国家城市湿地公园	吉林省镇赉县
莲花湖城市湿地公园	辽宁省铁岭市
海淀区翠湖国家城市湿地公园	北京市海淀区
城北城市湿地公园	甘肃省张掖市
高台黑河湿地公园	甘肃省张掖市
宝湖国家城市湿地公园	宁夏回族自治区银川市
长治国家城市湿地公园	山西省长治市
南湖国家城市湿地公园	河北省唐山市
拒马源国家城市湿地公园	河北省涞源县
徒骇河国家城市湿地公园	山东省沾化县
明月湖国家城市湿地公园	山东省东营市
滨河城市湿地公园	山东省寿光市
白浪绿洲国家城市湿地公园	山东省潍坊市
潍水风情湿地公园	山东省昌邑市
稻屯洼国家城市湿地公园	山东省东平县
滨河国家城市湿地公园	山东省临沂市
双月湖国家城市湿地公园	山东省临沂市

续表

城市湿地公园名称	所在省市（县）
大汶河国家城市湿地公园	山东省安丘市
小孩儿口国家城市湿地公园	山东省海阳市
桑沟湾国家城市湿地公园	山东省荣成市
天鹅湖国家城市湿地公园	河南省三门峡市
平西湖国家城市湿地公园	河南省平顶山市
白鹭洲城市湿地公园	河南省平顶山市
白河国家城市湿地公园	河南省南阳市
南湖国家城市湿地公园	安徽省淮北市
十涧湖国家城市湿地公园	安徽省淮南市
绿水湾国家城市湿地公园	江苏省南京市
固城湖城市湿地公园	江苏省南京市
尚湖国家城市湿地公园	江苏省常熟市
沙家浜国家城市湿地公园	江苏省常熟市
长广溪国家城市湿地公园	江苏省无锡市
昆山市城市生态公园	江苏省昆山市
金银湖国家城市湿地公园	湖北省武汉市
西洞庭湖青山湖国家城市湿地公园	湖南省常德市
孔目江国家城市湿地公园	江西省新余市
镜湖国家城市湿地公园	浙江省绍兴市
三江国家城市湿地公园	浙江省临海市
鉴洋湖城市湿地公园	浙江省台州市
花溪城市湿地公园	贵州省贵阳市
红枫湖－百花湖城市湿地公园	贵州省贵阳市
杏林湾湿地公园	福建省厦门市
绿塘河国家城市湿地公园	广东省湛江市

参 考 文 献

[1]国家林业局湿地公约履约办公室.湿地公约履约指南[M].北京:中国林业
　　出版社,2000.

[2]宋东宁.黑龙江省休闲旅游产品开发研究[D].哈尔滨:东北林业大
　　学,2008.

[3]封晓梅.湿地公约与我国湿地保[M].青岛:中国海洋大学,2008.

[4]郎慧卿,林鹏,陆健健.中国湿地研究和保护[M].上海:华东师范大学出版
　　社,1998.

[5]崔轶男.哈尔滨太阳岛风景名胜区生态规划研究[D].哈尔滨:哈尔滨工业
　　大学,2006.

[6]王叶林.湿地生态系统保护与管理实务全书[M].北京:中国土地科学出版
　　社,2005.

[7]刘纪远.中国资源环境遥感宏观调查与动态研究[M].北京:中国科学技术
　　出版社,1996.

[8]傅伯杰,陈利项,马克明,等.景观生态学原理及方法[M].北京:科学出版
　　社,2001.

[9]孙文.哈尔滨不同公园湿地植物景观评价及构建对策研究[D].哈尔滨:东
　　北林业大学,2011.

[10]中国旅游研究院.中国旅游景区发展报告[M].北京:旅游教育出版
　　社,2013.

[11]何永田,熊先哲.试论湿地生态系统的特点[J].农业环境保护,1994,13

（6）:275-278.

[12]阎庆伟.豫南宿鸭湖湿地保护浅析[J].地域研究与开发,1999,18(2):78-80.

[13]崔保山,刘兴土.三江平原湿地生态特征变化及其可持续性管理对策[J].地域研究与开发,1999,18(3):45-48.

[14]殷康前,倪晋仁.湿地研究综述[J].生态学报,1998,18(5):539-546.

[15]崔保山,刘兴土.湿地恢复研究综述[J].地球科学进展,1999,14(4):358-364.

[16]杨亚妮.湿地生态系统研究及防治退化对策[J].自然杂志,2002,24(2):95-99.

[17]彭少麟.退化生态系统恢复与恢复生态学[J].中国基础科学,2001,(3):18-24.

[18]KOLLA R K,NELSON E A,TRETTIN C. Conceptual assessment framework for forested wetland restoration:the Pen Branch experience[J].Ecological engineering,2000,15(S1):17-21.

[19]俞孔坚,李迪华,吉庆萍.景观与城市的生态设计概念与原理[J].中国园林,2001,6(17):3-10.

[20]刘永,郭怀成.城市湖泊生态恢复与景观设计[J].城市环境与城市生态,2003,6(16):51-53.

[21]温全平.城市河流堤岸生态设计模式探析[J].中国园林,2004,10(20):19-23.

[22]张永泽,王垣.自然湿地生态恢复研究综述[J].生态学报,2001,2(21):310-314.

[23]JOHNSTON C A,DETENBECK N E,NIEMI G J. The cumulative effect of wetlands on stream water quality and quantity:a landscape approach[J].Biogeochemistry,1990,10(2):135-138.

[24]THURSTON K A. Lead and petroleum hydrocarbon changes in an urban wet-

land receiving storm water runoff［J］. Ecological engineering,1999(2):387-399.

［25］EHRENFELD J G. Exotic invasive species in urban wetlands: environmental correlates and implications for wetland management［J］. Journal of applied ecology, 2008,8(4):1160.

［26］PILLSBURY F C. Habitat and landscape characteristics underlying anuran community structure along an urban-rural gradient［J］. Ecological applications, 2008,18 (5):1107-1118.

［27］勾波. 城市湿地公园生态规划与景观设计探讨:以苏州盛泽荡湿地公园为例［D］. 西安:西安建筑科技大学,2006.

［28］刘晓嫣,李轶伦. 湿地生态修复与景观规划研究:以上海青西湿地生态修复工程为例［J］. 中国园林,2009(8):75-78.

［29］吴妍,赵志强,龚文峰,等. 太阳岛湿地景观生态安全综合评价［J］. 东北林业大学学报,2010,38 (1):101-104.

［30］李春晖,郑小康,牛少凤,等. 城市湿地保护与修复研究进展［J］. 地理科学进展,2009,28(2):271-279.

［31］吕宪国. 湿地生态系统保护与管理［M］. 北京:化学工业出版社,2004.

［32］雷昆. 中国的湿地资源及其保护建议［J］. 湿地科学, 2005(2):81-86.

［33］刘国强. 我国湿地公园规划、建设与管理问题的思考［J］. 湿地科学与管理,2006(3):21-24.

［34］骆林川,董国正. 南京秦淮河湿地公园潜在生态经济效益分析机［J］. 南京林业大学学报(自然科学版),2006(1):84-88.

［35］张毅. 创意产业评价指标体系建立与应用［D］. 上海:同济大学,2007.

［36］麦金托什,格波特. 旅游学:要素·实践·基本原理［M］. 薄红,译. 上海:上海文艺出版社,1985.

［37］李宗桂. 中国文化概论［M］. 广州:中山大学出版社,1988.

［38］钱今昔. 中国旅游资源景观欣赏［M］. 合肥:黄山书社,1993.

［39］张国洪.中国文化旅游:理论·战略·实践［M］.天津:南开大学出版社,2001.

［40］孟刚.城市公园设计［M］.上海:同济大学出版社,2003.

［41］谢彦君.基础旅游学［M］.北京:中国旅游出版社,2004.

［42］魏小安.中国旅游业新世纪发展大趋势［M］.广州:广东旅游出版社,1999.

［43］李天元.中国旅游可持续发展研究［M］.天津:南开大学出版社,2004.

［44］陶伟.中国世界遗产的可持续旅游发展研究［M］.北京:中国旅游出版社,2001.

［45］北京巅峰智业旅游文化创意股份有限公司课题组.旅游全产业链创新:巅峰之路［M］.北京:旅游教育出版社,2017.

［46］王衍用,宋子千,秦岩.旅游景区项目策划［M］.北京:中国旅游出版社,2011.

［47］张金山.景区项目策划研究［M］.北京:旅游教育出版社,2013.

［48］胡海胜.文化景观变迁理论与实证研究［M］.北京:中国林业出版社,2011.

［49］彭宇.中国城市文化产业发展评价体系研究［M］.北京:中国人民大学出版社,2011.

［50］郑耀星.旅游景区开发与管理［M］.北京:旅游教育出版社,2010.

［51］张京成.中国创意产业发展报告（2018）［M］.北京:中国经济出版社,2018.

［52］韩骏伟,姜东旭.区域文化产业［M］.广州:中山大学出版社,2011.

［53］吴殿廷.区域经济学［M］.北京:科学出版社,2009.

［54］尹宏.现代城市创意经济发展研究［M］.北京:中国经济出版社,2009.

［55］韩骏伟,胡晓明.文化产业概论［M］.广州:中山大学出版社,2009.